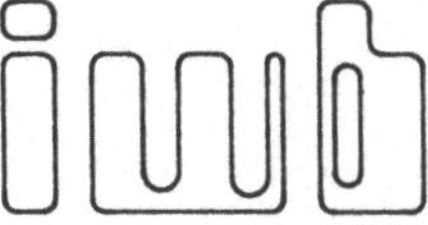

Forschungsberichte · Band 69

**Berichte aus dem
Institut für Werkzeugmaschinen
und Betriebswissenschaften
der Technischen Universität München**

Herausgeber: Prof. Dr.-Ing. J. Milberg

Ulrich Viethen

Systematik zum Prüfen in Flexiblen Fertigungssystemen

Mit 70 Abbildungen

Springer-Verlag
Berlin Heidelberg GmbH 1994

Dipl.-Ing. Ulrich Viethen
Institut für Werkzeugmaschinen und Betriebswissenschaften (iwb), München

Prof. Dr.-Ing. J. Milberg
o. Professor an der Technischen Universität München
Institut für Werkzeugmaschinen und Betriebswissenschaften (iwb), München

D 91

ISBN 978-3-540-57794-2   ISBN 978-3-662-10192-6 (eBook)
DOI 10.1007/978-3-662-10192-6

Gesamtherstellung: Hieronymus Buchreproduktions GmbH, München.
SPIN: 10424214

Geleitwort des Herausgebers

Die Verbesserung der Fertigungsmaschinen, der Fertigungsverfahren und der Fertigungsorganisation zur Steigerung der Produktivität und Verringerung der Fertigungskosten ist eine ständige Aufgabe der Produktionstechnik. Die Situation in der Produktionstechnik ist durch abnehmende Fertigungslosgrößen und zunehmende Personalkosten sowie durch eine unzureichende Nutzung er Produktionsanlagen geprägt. Neben den Forderungen nach einer Verbesserung der Mengenleistung und der Arbeitsgenauigkeit gewinnt die Steigerung der Flexibilität von Fertigungsmaschinen und Fertigungsabläufen immer mehr an Bedeutung. In zunehmendem Maße werden Programme, Einrichtungen und Anlagen für rechnergestützte und flexibel automatisierte Produktionsabläufe entwickelt.

Ziel der Forschungsarbeiten am Institut für Werkzeugmaschinen und Betriebswissenschaften der Technischen Universität München (iwb) ist die weitere Verbesserung der Fertigungsmittel und Fertigungsverfahren im Hinblick auf eine Optimierung der Arbeitsgenauigkeit und Mengenleistung der Fertigungssysteme. Dabei stehen Fragen der anforderungsgerechten Maschinenauslegung sowie der optimalen Prozeßführung im Vordergrund. Ein weiterer Schwerpunkt ist die Entwicklung fortgeschrittener Produktionstrukturen und die Erarbeitung von Konzepten für die Automatisierung des Auftragsdurchlaufs. Das Ziel ist eine Integration der technischen Auftragsabwicklung von der Konstruktion bis zur Montage.

Die im Rahmen dieser Buchreihe erscheinenden Bande stammen thematisch aus den Forschungsbereichen des iwb: Fertigungsverfahren, Werkzeugmaschinen, Fertigungsautomatisierung und Montageautomatisierung. In ihnen werden neue Ergebnisse und Erkentnisse aus der praxisnahen Forschung des iwb veröffentlicht. Diese Buchreihe soll dazu beitragen, den Wissenstransfer zwischen dem Hochschulbereich und dem Anwender in der Praxis zu verbessern.

Joachim Milberg

Vorwort

Die vorliegende Dissertation entstand während meiner Tätigkeit als wissenschaftlicher Mitarbeiter am Institut für Werkzeugmaschinen und Betriebswissenschaften (iwb) der Technischen Universität München.

Herrn Professor Dr.-Ing Joachim Milberg danke ich besonders für die wohlwollende persönliche Förderung und die großzügige Unterstützung meiner Forschungsarbeit sowie für die konstruktiven Hinweise zu dieser Arbeit.

Ebenso gilt mein Dank Herrn Prof. Dr.-Ing. Joachim Heinzl, dem Leiter des Lehrstuhls für Feingerätebau und Getriebelehre der Technischen Universität München, für die Übernahme des Koreferates und die kritische Durchsicht der Arbeit.

Allen Mitarbeiterinnen und Mitarbeitern des Instituts für Werkzeugmaschinen und Betriebswissenschaften danke ich für ihre kollegiale Unterstützung. Schließlich herzlichen Dank auch den Studenten und Diplomanden, die durch Ihre engagierte Mitarbeit zum Gelingen meiner Arbeit wesentlich beigetragen haben.

München, im Dezember 1993   Ulrich Viethen

1 Einleitung und Zielsetzung

1.1 Qualitätssicherung, eine Integrationsaufgabe

Nicht erst seit fernöstliche Unternehmen auf heimische Märkte drängen, ist der Begriff Qualität in produzierenden Unternehmen ein entscheidender Wettbewerbsfaktor geworden. Schon Henry Ford I stellte fest:

> "Für ein gutes Erzeugnis ist der Markt nie übersättigt, um so rascher
> dagegen für ein schlechtes" [1].

Das vielzitierte "Made in Germany" hat heute keine andere Funktion mehr zu erfüllen, als einen Hinweis auf einen entsprechend hohen Produktqualitätsstandard und damit einen Kaufanreiz zu geben. Konkurrenz- und Kostendruck, intensivere Vernetzungen über Unternehmensgrenzen hinweg, aber auch die Androhung von Haftungsansprüchen und damit verbundenen Schadensersatzforderungen zwingen Unternehmen heute zu erheblichen Anstrengungen hinsichtlich der Sicherstellung hoher Qualitätsstandards. Erschwerend wirken sich darauf die hohe Produktvielfalt und Varianz bei kurzen Lieferzeiten aus, die sich aus dem heute üblichen Konsumverhalten ergeben. Die Folge sind sinkende Fertigungslosgrößen, hohe Variantenvielfalt der Einzelteile und zunehmender Planungs- und Vorbereitungsaufwand für die Fertigung [2][3][4]. Um auch weiterhin Wettbewerbsvorteile aus der Qualität der Produkte zu sichern, werden daher zukünftig erhebliche betriebliche Aufwendungen notwendig sein [5].

Das Ziel erfolgreicher Qualitätssicherungsmaßnahmen muß in der Beherrschung des Produktionsprozesses liegen. Den Schlüssel dazu bildet die geplante und gezielte Aquisition von Daten über Prozeßverlauf und -ergebnis auf der Fertigungsebene. Die Prozeßbeherrschung kann, bei komplexen Fertigungsstrukturen mit aufwendigen Prozeßketten, nur durch kontinuierliche Verbesserung erreicht werden. Voraussetzung für solche Verbesserungen am Prozeß ist die genaue Kenntnis der Zustandsänderung des Produktes über die verschiedenen Prozeßstufen [6][7].

Strukturen zur Förderung der Prozeßbeherrschung sind zum Beispiel Qualitätsregelkreise [8]. In Bild 1 ist ein solcher Regelkreis modellhaft dargestellt. Die während der Herstellung des Produktes erzeugten Informationen können nach entsprechender Aufbereitung wieder unmittelbar in die Produktionsprozesse zurückgeführt werden. Solche bereichsübergreifenden Regelkreise zu bilden und zu automatisieren stellt die Voraussetzung für die Steigerung der Produktqualität in der flexiblen Fertigung dar.

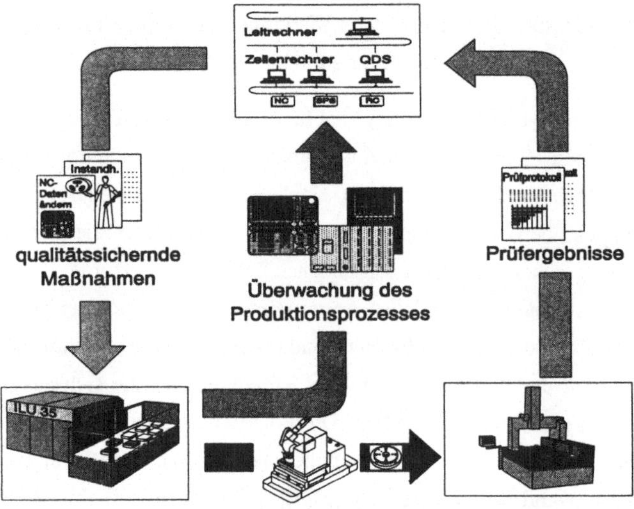

Bild 1:   Qualitätsregelkreise in der Fertigung

Zum Aufbau von Qualitätsregelkreisen müssen über Unternehmensbereiche hinweg organisatorische Strukturen geschaffen werden. Ein wesentliches Element stellt hierbei die in die Arbeitsvorbereitung zu integrierende Prüfplanung dar [9][10]. Mit dem Ausbau prüfplanender Funktionen darf aber keinesfalls eine Durchlaufzeiterhöhung eintreten. Zu verhindern ist dies vor allem durch konsequente Integration der Aufgaben sowie deren weitestgehend parallele Abarbeitung in der Arbeitsvorbereitung. Eine Unterstützung der Planungsarbeit durch entsprechende rechnergestützte Hilfsmittel ist obilagtorisch. Nicht zuletzt muß aber auch die Qualifikation der Mitarbeiter in diesen Bereichen angehoben werden.

1.2   Zielsetzung der Arbeit

Ziel der Arbeit ist, eine Systematik zur Qualitätssicherung in Flexiblen Fertigungssystemen durch Integration von Funktionen im Fertigungsvorfeld und Werkstatt zu entwickeln und beispielhaft umzusetzten. Ausgangspunkt ist die Betrachtung eines Flexiblen Fertigungssystems. Im Rahmen der Situationsanalyse werden zunächst die für die Fertigungsabläufe in einem solchen System notwendigen Meß- und Prüffunktionen ermittelt. Die gefundenen Prüffunktionen werden dann hinsichtlich der notwendigen Tätigkeiten und verfügbaren Hilfsmittel analysiert. Anschließend werden die Hilfsmittel im Hinblick auf ihren Automatisierungsgrad, ihre Automatisierungsfähigkeit und auf ihre Integrationsfähigkeit in ein Flexibles Fertigungssystem (FFS) untersucht und bewertet.

Im Anschluß an die Analyse des Systems Werkstatt wird das System Fertigungsvorfeld und hier speziell die Arbeitsvorbereitung bezüglich prüfplanerischer Tätigkeiten und rechnergestützter Hilfsmittel untersucht. Bewertet wird hier der Grad der Arbeitsteiligkeit zwischen Prüfplanung und Arbeitsplanung. Ferner wird der Integrationsgrad der rechnergestützten Hilfsmittel für die Prüfmittelauswahl, die NC-Progammierung und die NC-Simulation ermittelt. Abschließend wird die Nahtstelle Arbeitsvorbereitung/Werkstatt beschrieben und bewertet.

Aufbauend auf der Situationsanalyse werden die Anforderungen an eine Systematik zum integrierten Prüfen in FFS formuliert. Unter Systematik wird dabei nicht nur ein systemischer, d.h. regelhaft strukturierter Zusammenhang von Vorgängen verstanden, sondern auch eine entsprechende Vorgehensweise.

Im Vordergrund stehen dabei die Anforderungen, die die beiden Teilsyteme Arbeitsplanung und Flexibles Fertigungssystem aneinander stellen. Die für die Integration der Prüfplanung notwendigen Funktionen werden realisiert. Die

Nahtstellen für die Integration werden dargestellt. Im Flexiblen Fertigungssystem werden die notwendigen Meß- und Prüffunktionen realisiert und integriert. Besonderer Wert liegt dabei auf einen angepaßten Automatisierungs- und Flexibilitätsgrad.

2 Situationsanalyse beim Prüfen in Flexiblen Fertigungssystemen

2.1 Überblick über die Situation beim Prüfen in FFS

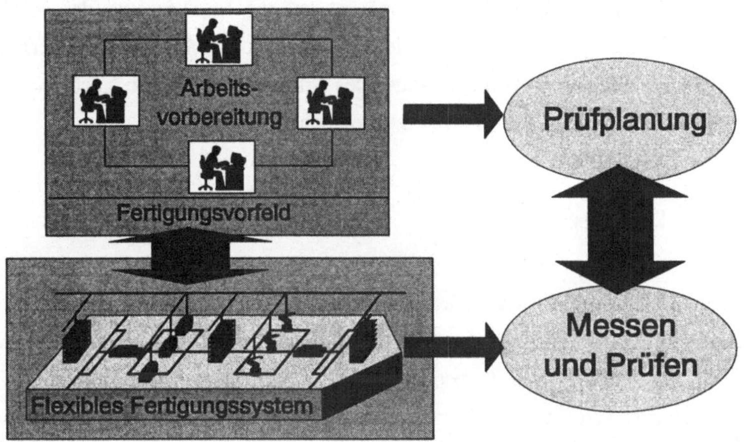

Bild 2:   Prüfen als Voraussetzung für die Prozeßbeherrschung

Die Situation in FFS ist durch einen hohen Automatisierungsgrad bei der Verkettung und Bearbeitung sowie durch eine hohe strukturelle Komplexität geprägt. Dies verursacht einen erheblichen Kostendruck. Eine Effizienzsteigerung trotz hoher Automatisierungsgrade setzt eine ausgezeichnete Prozeßbeherrschung und damit eine detaillierte Planung und Vorbereitung der Arbeitsgänge voraus. Um einen Prozeß planen und beherrschen zu können, muß zwischen den einzelnen Bearbeitungsschritten gemessen und geprüft werden. Es existieren nur wenige FFS mit voll integrierten Meß- und Prüfeinrichtungen. Mangelhafte Planung und Vorbereitung der Prüfvorgänge schon im Fertigungsvorfeld behindern außerdem die effiziente Abwicklung der Meß- und

Prüfvorgänge in automatisierten Abläufen. Im folgenden wird die technische und organisatorische Situation beim Prüfen in FFS untersucht und bewertet.

2.2   Prüfen als Funktion in FFS

Prüfen ist eine für das Bearbeiten notwendige Funktion auf der Werkstattebene. Zur Begriffsabgrenzung wird hier zunächst auf die Struktur und den Aufbau Flexibler Fertigungssysteme sowie deren informationstechnischen Hintergrund eingegangen. Sodann wird die Stellung des Prüfens und übliche Verfahren und Vorgehensweisen beim Prüfen in FFS untersucht.

2.2.1   Aufbau von FFS

Nach der Definition von Dolezalek versteht man unter einem Flexiblen Fertigungssystem "eine Reihe von Fertigungseinrichtungen, die über ein gemeinsames Steuer- und Transportsystem so miteinander verknüpft sind, daß einerseits eine automatische Fertigung stattfinden kann, andererseits innerhalb eines gegebenen Bereichs unterschiedliche Bearbeitungsaufgaben durchgeführt werden können" [11][12]. Demnach handelt es sich bei einem Flexiblen Fertigungssystem um ein generelles Konzept zur automatischen, ungetakteten, richtungsfreien und damit hochflexiblen Fertigung einer definierten Gruppe ähnlicher Teile [13]. REFA [14] fordert zusätzlich eine möglichst vollständige Bearbeitung und beschreibt das FFS als automatisierte, mehrstufige Mehrproduktfertigung (Außenverkettung). Rüstvorgänge dürfen dabei den Betrieb anderer Bearbeitungsstationen nicht beinflussen.

Flexible Fertigungssysteme verknüpfen damit die hohe Flexibilität manueller, nach dem Verrichtungs- oder Werkstättenprinzip aufgebauter Fertigungen mit der hohen Produktivität von Fertigungen, die nach dem Fließprinzip arbeiten. Typische Vertreter der Fließfertigung sind Transferstraßen, in denen Liege-, Rüst- und Nebenzeiten durch eine starre Materialflußverkettung, vorgegebene

Taktzeiten und optimierte hochautomatisierte Bearbeitungsprozesse minimiert sind. Die Flexibilität solcher Anlagen ist sehr gering, da Änderungen unmittelbaren Einfluß auf die vor- und nachgeschalteten Bearbeitungs- und Transportvorgänge haben. Nach dem Verrichtungsprinzip organisierte Werkstätten besitzen zwar eine hohe Flexibilität, da die Vorgänge weitgehend manuell durchgeführt werden. Dies führt aber auch zu Produktivitätseinbußen vor allem durch hohe Transport- und Liegezeitanteile.

In FFS müssen somit ein- und mehrstufige Bearbeitungen ausgeführt werden können. Wesentliche Charakteristika Flexibler Fertigungssysteme sind die wahlfreie Verkettung der Bearbeitungsstationen untereinander, die sogenannte Außenverkettung, bezüglich des Werkstückflusses, eine umfassende Werkstück- und Werkzeuglogistik sowie eine rechnergestützte Steuerung aller Komponenten und Vorgänge im System.

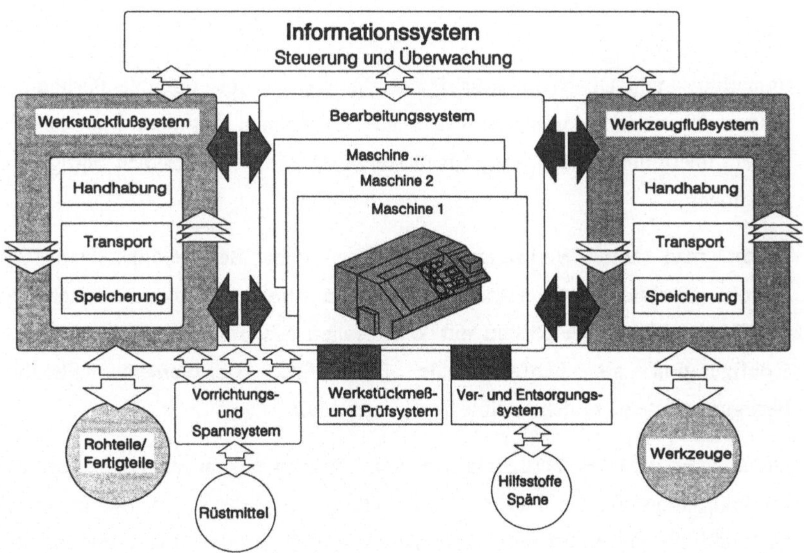

Bild 3:   Komponenten eines Flexiblen Fertigungssystems nach [4]

FFS werden nach REFA [14] aufbauorganisatorisch in die Subsysteme

- Bearbeitungssystem,

- Materialflußsystem,

- Informationssystem

gegliedert. Wirkzusammenhang und Schnittstellen der genannten Subsysteme sind in Bild 3 gezeigt. Kern eines Flexiblen Fertigungssystems ist das Bearbeitungssystem. Die Summe der die Bearbeitungsprozesse ausführenden Fertigungseinrichtungen bildet das Bearbeitungssystem. Dem Bearbeitungs-system wird auch das Werkstückmeß- und Prüfsystem zugeordnet [15].

Auf physikalischer Ebene verkettet das Materialflußsystem die verschiedenen Fertigungseinrichtungen des Bearbeitungssystems. Es besteht im wesentlichen aus den Subsystemen Werkstückfluß- und Betriebsmittelflußsystem, welches wiederum in das Werkzeug-, Vorrichtungs- und Hilfsstofflußsystem gegliedert wird.

Steuerungs- und Überwachungsaufgaben für das gesamte Flexible Fertigungs-system führt das Informationssystem aus. Zusammen mit dem Materialfluß-system übernimmt es die integrativen Aufgaben über die einzelnen Fertigungs-funktionen.

Rüstet man eine Werkzeugmaschine aus dem Bearbeitungssystem mit Peripheriefunktionen wie Handhabungsgeräten zum automatischen Beschicken mit Werkstücken oder Rüsten mit Werkzeugen aus, so bezeichnet man diese Konfiguration als Fertigungszelle [16]. Die Basiselemente Flexibler Fertigungssysteme bilden flexible Fertigungszellen.

Unter einer flexiblen Fertigungszelle versteht man ein einstufiges, komplexes Produktionssystem, in dem die drei technischen Teilsysteme Bearbeitungs-, Materialfluß- und Informationsflußsystem wie folgt gestaltet sind: "Eine Flexible Fertigungszelle enthält eine Bearbeitungsstation und ist mit automatisierten Materialflußeinrichtungen für Werkstück- und gegebenenfalls Werkzeugwechsel und deren Bereitstellung ausgerüstet. Sie ist hinsichtlich Material- und Informationsfluß somit imstande, an mindestens zwei unterschiedlichen Werkstücken mehr als einen Bearbeitungsvorgang auszuführen. In eine flexible Zelle können Einrichtungen zum Reinigen, Prüfen, Entgraten sowie für andere, die Bearbeitung ergänzende Funktionen integriert werden" [14].

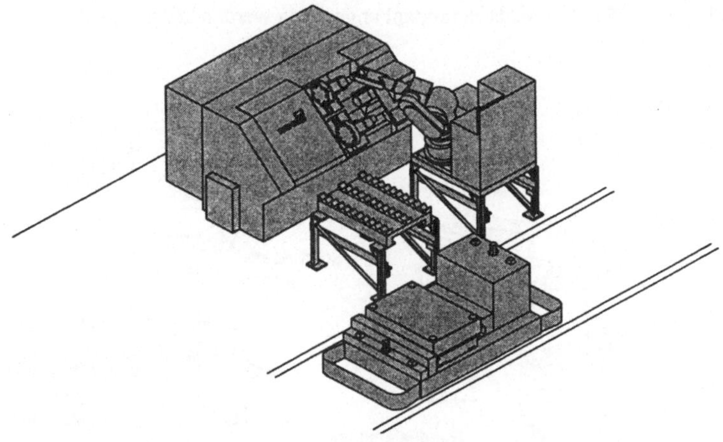

Bild 4:   Flexible Fertigungszelle mit mobilem Roboter und FTS [17]

Die in Bild 4 dargestellte flexible Fertigungszelle besteht aus einem 4-Achsen Drehzentrum, einem Roboter zur Beschickung mit Werkstücken und einer Palettenstation zur Anlieferung von Werkstücktransportpaletten mit einem fahrerlosen Transportsystem (FTS). Der dargestellte Roboter wird nach Beschickung der Maschine vom FTS wieder abgeholt und in andere Fertigungszellen gebracht [18].

2.2.1.1 Abgrenzung des Bearbeitungssystem

Unter dem Bearbeitungssystem versteht man jenes Subsystem eines Flexiblen Fertigungssystems, das von den die Bearbeitungsprozesse ausführenden Werkzeugmaschinen gebildet wird. Eingesetzt werden hierzu nahezu ausschließlich CNC gesteuerte Werkzeugmaschinen. Bei der Planung von FFS ist die genaue

Kenntnis des zu fertigenden Werkstückspektrums notwendig, da diese von zentraler Bedeutung für die Anpassung des Maschinenumfeldes an das für die Durchführung der Fertigungsaufgaben erforderliche Bearbeitungssystem ist [4]. Bei der Planung ist außerdem zu berücksichtigen, welche technische wie kapazitive Verfügbarkeit für die einzelne Bearbeitungsfunktion mindestens notwendig ist und welche Maschinen als redundant angesehen werden können [15].

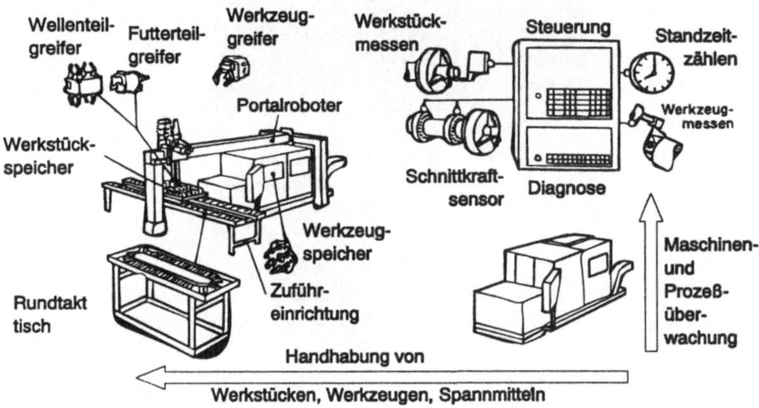

Bild 5:   Automatisierung von Werkzeugmaschinen

Kern des Bearbeitungssystems ist die Fertigungszelle. Bild 5 zeigt, wie man durch Konfiguration von Peripheriegeräten aus einer Werkzeugmaschine in Grundausführung eine Fertigungszelle aufbaut. Dazu wird der Automatisierungsgrad der Bearbeitungsmaschine sukzessive angehoben. Dabei sind zwei Richtungen erkennbar:

- Maschinen- und Prozeßüberwachung,

- Handhabungsautomatisierung.

Durch geeignete Sensorik und Überwachungsstrategien wird die Maschinen- und Prozeßüberwachung automatisiert. Durch Zusatzeinrichtungen für Werkstücke, Werkzeuge, Spann- und Meßmittel erfolgt die Automatisierung von Handhabungsvorgängen. Auf diese Weise können die Peripheriefunktionen Handhaben, Messen und Überwachen soweit automatisiert werden, daß eine zeitlich begrenzte, unabhängige Bearbeitung und Umrüstung in der Fertigungszelle möglich ist.

Entscheidend für die Integration einer flexiblen Fertigungszelle ist die Verkettungsmöglichkeit mit dem Material- und Informationsfluß im Gesamtsystem. Bei der Planung und Konstruktion der Automatisierungsgeräte ist daher auf Schnittstellen zur Verkettung zu achten.

2.2.1.2   Materialflußsystem

Im Rahmen der Aufbauorganisation eines Flexiblen Fertigungssystems übernimmt das Materialflußsystem den Bereich der physikalischen Verkettung der Zellen. Unter dem Materialflußsystem versteht VDI 2860 [19] alle Einrichtungen, die für eine bedarfsgerechte Ver- und Entsorgung aller Betriebsmittel mit Werkstücken, Werkzeugen, Vorrichtungen, Meßmitteln und Hilfsstoffen erforderlich sind [14][20][21].

Hauptelemente des Stoffflusses (Bild 3) in einem Flexiblen Fertigungssystem sind die Werkstücke in ihren verschiedenen Fertigungszuständen und die Werkzeuge [15].

Ziel jedes Transportvorgangs ist es, Material von einer Zelle in eine andere zu überführen. Für die Werkstücke gilt dabei speziell, daß sie zwischen den einzelnen Zellen des Fertigungssystems ungerichtet und wahlfrei transportiert werden können, um gemäß ihrem individuellen Fertigungsablaufplan bearbeitet werden zu können. Das bedeutet, daß ein Werkstück von einer Aufspannung in Maschine A einer Zelle zu einer Aufspannung in Maschine B in einer anderen Zelle transportiert werden muß. Diesen Vorgang kann man in die Teilabläufe, Handhaben, Transportieren und Speichern untergliedern [22][23]. Analog gilt dies für den Werkzeugfluß.

Der Hilfsstofffluß ist für die weiteren Überlegungen ohne Bedeutung und wird daher nicht mehr betrachtet.

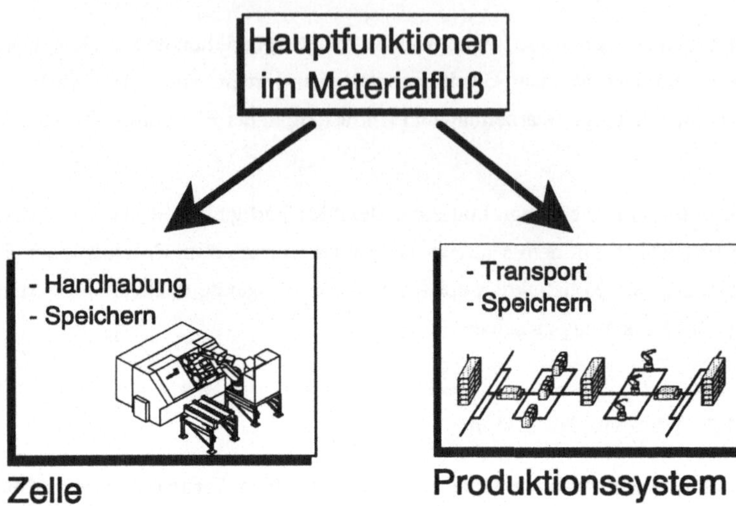

Bild 6:   Strukturierung der Hauptfunktionen im Materialfluß von FFS

Die Strukturierung der Hautptfunktionen des Materialflusses in FFS zeigt Bild 6. Im Detail betrachtet läuft ein Transportvorgang für ein Werkstück folgendermaßen ab: Zunächst wird das Teil aus der Maschine entnommen und auf eine Transportvorrichtung abgelegt werden. Dieser Vorgang findet innerhalb der Zelle statt und wird als Handhabungsvorgang bezeichnet. Zwischen den Zellen findet ein Transport- und, unter Umständen, ein Speichervorgang statt. Gelangt das Werkstück in die Zielzelle, wird ein Handhabungsvorgang zum Einlegen in die Bearbeitungsmaschine durchgeführt.

Transportaufgaben in FFS können zum Beispiel von FTS übernommen werden. Die zu transportierenden Güter werden dazu in den Zellen häufig palettiert. Die Paletten können dann vom FTS automatisch übernommen werden. Andere gängige Transportmittel in FFS sind FTS, Elektrohängebahnen, Rollenbänder oder Portalroboter. Für Handhabungsaufgaben innerhalb der Zellen, wie beispielsweise das Aufspannen von Werkstücken, werden häufig Industrieroboter eingesetzt. Schwere und große Werkstücke werden aber auch im aufgespannten Zustand auf Paletten transportiert, die dann unmittelbar in die Bearbeitungsmaschine eingezogen werden können.

Organisatorischerseits ist, neben der Planung und Durchsetzung der Transportaufträge im FFS, die Verfolgung und Überwachung der Transportgüter eine wesentliche Aufgabe. Diese Aufgaben werden vom Informationssystem wahrgenommen.

2.2.1.3 Informationssystem

Zur Koordination der in den vorangegangenen Abschnitten beschriebenen Fertigungs- und Hilfsfunktionen ist ein leistungsfähiges Informationsverarbeitungssystem erforderlich. Die Anforderungen an den Informationsfluß werden durch die Forderung nach einem erhöhten Flexibilitätsgrad noch weiter gesteigert [24].

Um die Vorgänge in einem komplexen Fertigungssystem koordinieren zu können, bedarf es eines hierarchisch gegliederten Steuerungssystems (Bild 7). Nur durch die Entkopplung der einzelnen Systemfunktionen sowie deren Wirkungsbereichen ist es möglich, informationstechnische Überlastung zu vermeiden. Eine mögliche Unterteilung ist die nach [25][26]. Unterschieden werden die folgenden Ebenen:

- Planungsebene,

- Leitebene,

- Zellenebene,

- Sensor-/Aktorebene.

Definitionsgemäß kommuniziert in diesem Modell jede Ebene nur mit der ihr direkt über- oder untergeordneten Ebene. Innerhalb einer Ebene existiert zwischen den einzelnen Komponenten bedarfsabhängig ein Informationsfluß z.B. zur Synchronisation während der Auftragsabwicklung zwischen einzelnen Systemen.

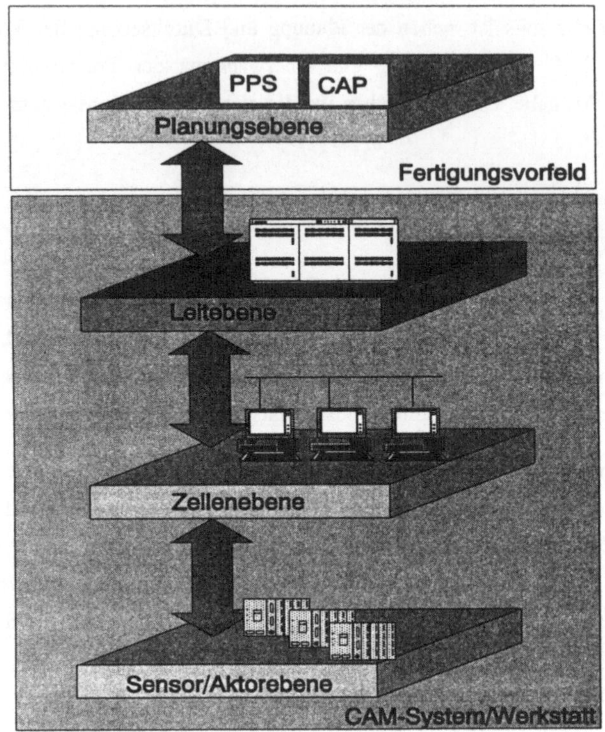

Bild 7:   Hierarchieebenen der Informationsverarbeitung in der Flexiblen
Fertigung nach [27]

Auf der Planungsebene sind die fertigungsübergreifenden Aufgaben angesiedelt.
Dazu zählen beispielsweise die Konstruktion, die Produktionsplanung oder auch
die Arbeitsvorbereitung. Auf der Leitebene werden die zellenübergreifenden,
auftragsbezogenen Koordinationsaufgaben ausgeführt. Hier werden die Aufträge
in die Fertigung eingelastet, terminiert und den einzelnen Fertigungseinrichtungen zugeordnet. Die Überwachung des Fertigungsablaufes ist ebenfalls Aufgabe der Leitebene. Die Zellenebene wickelt die vom Leitsystem zugeteilten
Fertigungsaufträge in den einzelnen Zellen ab. Dazu ist sie mit den einzelnen
Sensoren und Aktoren so verbunden, daß in den flexiblen Fertigungszellen die
entsprechenden Bearbeitungs- und Handhabungsfunktionen ausgeführt werden

können. Auf dieser Ebene wird auch der Zustand der Fertigungseinrichtungen und deren Verfügbarkeit überwacht und gegebenenfalls an die übergeordnete Leitebene gemeldet. Auf der Sensor/Aktor-Ebene findet somit die operative Durchsetzung der einzelne Bearbeitungsaufträge statt. Die einzelnen Steuerungen führen die Bearbeitungs-, Transport und Handhabungsaktionen aus [28].

2.2.2 Prüfen in Flexiblen Fertigungssystemen

Die Begriffe Messen und Prüfen werden im üblichen Sprachgebrauch häufig synonym verwendet. Da beide Begriffe in dieser Arbeit von Bedeutung sind, wird hier zunächst eine Definition und Abgrenzung vorgenommen. In den einschlägigen Normen [29][30][31] werden die Begriffe Messen und Prüfen wie folgt unterschieden:

> "Prüfen heißt festzustellen, ob der Prüfgegenstand (Probekörper, Probe, Meßgerät) eine oder mehrere vorgegebene (vorgeschriebene, erwartete) Bedingungen erfüllt, insbesondere, ob vorgegebene Grenzwerte (Toleranzgrenzen, Fehlergrenzen) eingehalten werden."

Das Ergebnis einer Prüfung ist demnach ein binärer Wert und damit eine Entscheidung über die Erfüllung der vorgegebenen Bedingung.

> "Messen hingegen ist ein experimenteller Vorgang, der zur Ermittlung eines Meßwertes einer physikalischen Größe (Istwert) im Vergleich zu einer Bezugsgröße dient."

Das Ergebnis einer Messung ist somit ein Wert, mit dessen Hilfe man bei Kenntnis des Sollwertes erkennen kann, um welchen Betrag und in welche Richtung der Istwert vom Sollwert abweicht. In FFS wird sowohl gemessen als auch geprüft.

Typische Beispiele für Ergebnisse von Prüfungen sind die Anwesenheitskontrolle durch Augenschein oder die Freigabeentscheidung für ein Los. Im Bereich der spanenden Fertigung nehmen die Prüfung der mikroskopischen und makroskopischen Geometrie des hergestellten Werkstücks den größten Anteil der durchzuführenden Prüfungen ein [12]. Da zumeist nicht ausschließlich die Anwesenheit eines geometrischen Merkmals geprüft werden muß, sondern auch seine spezielle Beschaffenheit (z.B. Durchmesser der Bohrung usw.), setzt eine solche Prüfung in der Regel eine Messung der geometrischen Eigenschaften (Länge, Rauheit der Oberfläche usw.) voraus. Dies entspricht den Erfahrungen aus einer Untersuchung, die bei einem Hersteller von Aggregateteilen vorgenommen wurde sowie den Ergebnissen von Zeller [32], der festgestellt hat, daß nahezu 90.0% der zu überprüfenden Merkmale geometrischer Art sind. Damit rechtfertigt sich die Festlegung des Betrachtungsschwerpunktes auf die Messung geometrischer Merkmale [12].

Andere, produktspezifische Prüfmerkmale, wie z.B. Dichtigkeit, sind in der Regel nicht mit standardisierten Meßmitteln zu erfassen und bedürfen daher einer speziellen Vorbereitung, die analog zu den beschriebenen Methoden für die geometrischen Merkmale vorgenommen werden kann.

Eine wichtige Funktion hat das Messen im Falle der Erstbestückungsprüfung beim Einfahren eines NC-Programm. Das Ziel der Prüfung ist es, neben einer gut/schlecht-Entscheidung, die ermittelten Meßwerte zur Korrektur der NC-Programme zu benutzen. Hierbei geht es primär um die Messung und weniger um das Prüfergebnis.

In der spanenden Fertigung können die Begriffe Messen und Prüfen also nahezu synonym benutzt werden, da eine Prüfung in nahezu allen Fällen eine Messung voraussetzt.

2.2.2.1 Stellung und Bedeutung des Prüfens in FFS

FFS zeichnen sich durch mehrstufige Prozeßketten aus. Die Stabilisierung solcher Prozeßketten setzt zyklisches Messen und Prüfen zwischen den einzelnen Prozeßstufen, wie in Bild 8 dargestellt, voraus. Nur so ist es möglich, die Fertigungsqualität, respektive die vorgeschriebene Bearbeitungsgenauigkeit, einzuhalten. Dies gilt grundsätzlich unabhängig vom Automatisierungsgrad oder der Losgröße. Automatisiert man die Fertigungsprozesse, entwickelt sich das

Messen und Prüfen zur Voraussetzung sowohl für die Erstellung und Pflege der NC-Bearbeitungsprogramme als auch für die Beurteilung des Bearbeitungsergebnisses im einzelnen. Dies gilt insbesondere für automatisierte, teilweise mannlos arbeitende Fertigungssysteme, in der die Prozeßführung nicht mehr kontinuierlich durch einen Werker vorgenommen wird, sondern nur noch sporadisch stattfindet.

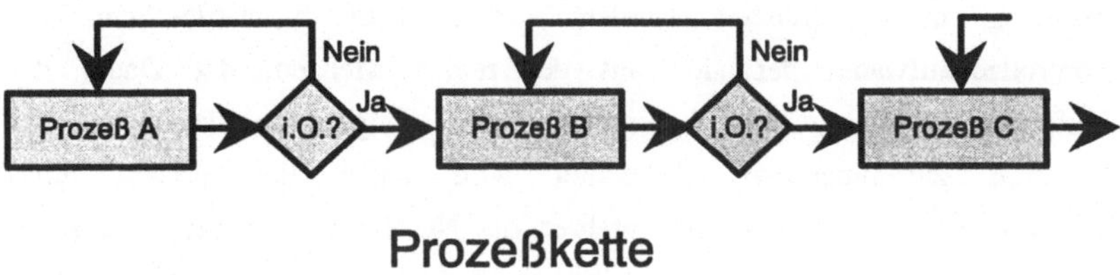

Bild 8:   Prozeßkette mit zwischengeschalteten Prüfungen

Im folgenden sind die Gründe für die Anordnung von Prüfungen während bzw. im Anschluß an einen Fertigungsprozeß abhängig von ihrem Auftreten innerhalb eines Loses, zusammengestellt:

Einmalige Prüfungen pro Los:

NC-Programmkontrolle (Erstbenutzung des Programms)

Zyklische Prüfungen

Prozeßüberwachung (statistisch)

Prozeßdatenerfassung

Freigabe und Dokumentation

Sieht man von den Prüfungen und Messungen zum Zweck der Dokumentation ab, ist festzustellen, daß die restlichen Prüfungen im wesentlichen aufgrund fertigungstechnischer Überlegungen indiziert sind.

Die NC-Programmkontrolle hat zum Ziel, ein neu erstelltes NC-Bearbeitungs-programm zu prüfen und gegebenenfalls zu korrigieren. Bei den Messungen, die in diesem Fall durchgeführt werden, sind die Korrekturen für das NC-Programm zu ermitteln. Diese Art der Prüfung ist in der Regel außerordentlich zeitkritisch, da sie die Fertigungskapazität verringert [33]. Während der Messung und Auswertung steht die NC-Bearbeitungsmaschine nicht für weitere Fertigungsaufträge zur Verfügung, weil die Vorrichtungen für die Werkstückauf-spannung nicht verändert werden dürfen. Bild 9 verdeutlicht den Kontrollzeitaufwand, der sich aus der reinen Meßzeit, der Dauer der Prüfungsvorbereitung durch Interpretation der Fertigungsunterlagen und der Liegezeit zusammensetzt. Betrachtet wird dabei das Rüsten eines Bearbeitungszentrums und das Einfahren des NC-Bearbeitungsprogramms. Im untersuchten Fall beträgt der Kontrollzeitanteil rund 40% der gesamten Rüstzeit für den Auftrag. Neben den organisatorisch bedingten Liegezeiten fällt der erhebliche Planungszeitanteil auf, der auf unvollständige Vorbereitung des Prüfvorgangs zurückzuführen ist. Unter Vernachlässigung der Liegezeiten kann festgehalten werden, daß eine Reduzierung der gesamten Rüstzeit ausschließlich durch Planung und Vorbereitung der Prüfvorgänge um rund 15% möglich ist.

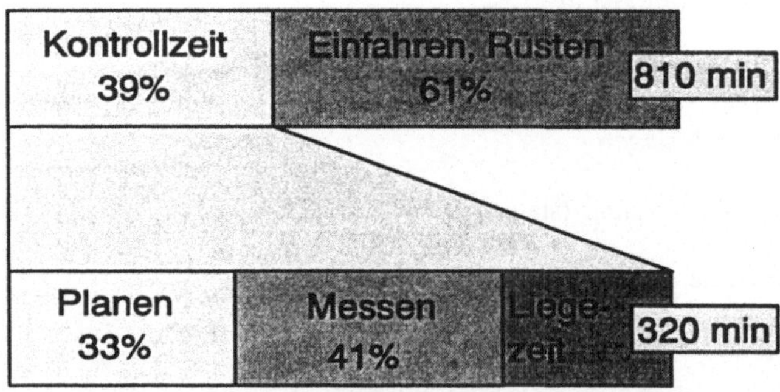

Bild 9:   Rüstzeitanalyse an Bearbeitungszentren

Die unter dem Begriff zyklisch zusammengefaßten Prüfungen werden abhängig von der vorgeschriebenen Prüfschärfe durchgeführt. Häufig ist die zeitliche

Kritikalität bei diesen Prüfungen nicht so hoch, da während der Messung die Fertigung des Restloses nicht gestoppt werden muß. Im Hinblick auf die Prozeßregelung ist aber dennoch eine zügige Abwicklung wichtig, da die Prüfzeit direkt reaktionszeitverlängernd wirkt und den Eingriff in den Prozeßablauf verzögert.

Bei einer Untersuchung hinsichtlich des Prüfaufwandes in einer rein spanenden Fertigung für Aggregateteile konnten die in Bild 10 dargestellten Daten ermittelt werden. Alle gefertigten Teile wurden hinsichtlich ihrer Prüfkomplexiät, d.h. des Prüfumfangs und technologischen Prüfaufwandes, kategorisiert. Die betrachtete Fertigung stellt nahezu ausschließlich kleine Lose (Losgröße < 20 Stk) her. Demnach stellen die Prüfungen zum Zweck des NC-Programmeinfahrens den Hauptanteil dar. Erkennbar ist, daß ein erheblicher Teil der Prüfungen in den Bereich größeren Prüfaufwandes (Prüfkomplexität 4-5) fällt. Das bedeutet, daß die Prüfungen einen erheblichen Zeit- und Prüfgeräteaufwand erfordern.

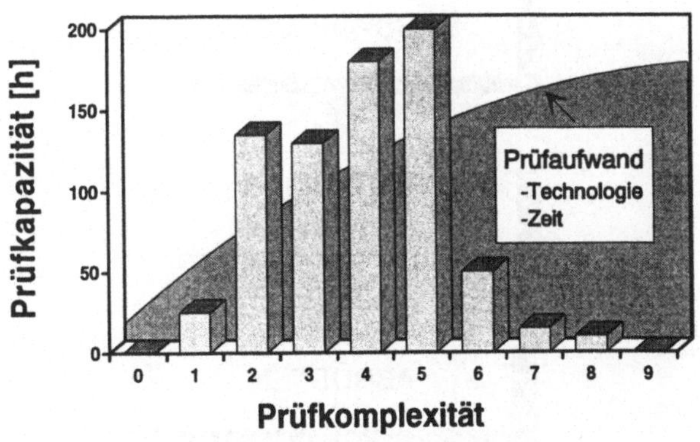

Bild 10: Prüfaufwand und Komplexitätsgradprofil beim Prüfen von Aggregate-
teilen

Verbindet man die Aussagen der beiden Graphiken miteinander, kommt dem Prüfen in der Fertigung eine hohe technische und wirtschaftliche Bedeutung zu. Es stellt eine Voraussetzung speziell für das automatisierte Fertigen dar und gehört damit zum Wertschöpfungsprozeß.

2.2.2.2 Tätigkeiten und Hilfsmittel für das Prüfen

Im folgenden werden die Tätigkeiten und Vorgänge beim Prüfen dargestellt. Grundsätzlich existieren zwei Ausgangssituationen, aus denen heraus der Prüfer zu arbeiten beginnt. Im ersten Fall liegt dem Prüfer kein Prüfplan vor. Er bereitet dann die Prüfung durch Analyse der vorliegenden Fertigungsunterlagen bezüglich des Prüfumfangs, der Prüfmittel und des Prüfablaufs vor. Typischerweise wird bei geringer Komplexität der Meßaufgabe auf die Erstellung eines individuellen Prüfplans verzichtet und statt dessen ein Standardprüfplan vorgeschrieben.

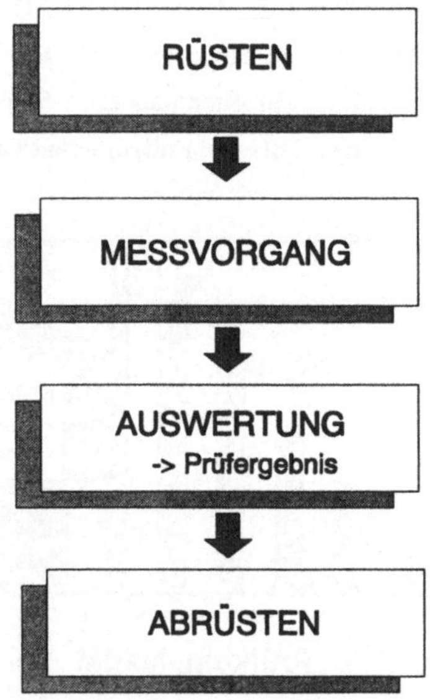

Bild 11:   Tätigkeiten beim Prüfen

Liegt ein Prüfplan vor, befaßt er sich zunächst mit den Zeichnungen, die das Teil zusammen mit dem Arbeits- und Prüfplan bezüglich des Bearbeitungszustandes vollständig charakterisieren. Abhängig vom Fertigungszustand und Vorgaben aus dem Prüfplan bereitet er die Prüfmittel vor. Es gibt verschiedene Möglichkeiten der Erstellung und Zuordnung des Prüfplanes [66].

Bei komplexeren Werkstücken auf den Prüfplan zu verzichten, bedeutet für den Prüfer allerdings einen deutlichen Mehraufwand in der Prüfvorbereitung und Prüfung (Bild 11). Außerdem birgt diese Methode die Gefahr, daß der Prüfumfang entweder zu gering oder zu umfangreich wird.

Unter Umständen muß das Teil für die Prüfung durch Reinigung, Lackierung o.ä. vorbereitet werden und gegebenenfalls auf einer Vorrichtung aufgespannt werden. Der eigentliche Meßvorgang beginnt mit dem Messen der einzelnen Merkmale. Die Dokumentation der Meßergebnisse bildet den Abschluß des Meßvorganges. Der Vergleich der Meßwerte mit den Sollwertvorgaben führt dann zum Prüfergebnis und damit zur Freigabeentscheidung für das Werkstück, deren Ergebnis im Prüfprotokoll, gegebenenfalls mit den Meßwerten zusammen, vermerkt wird.

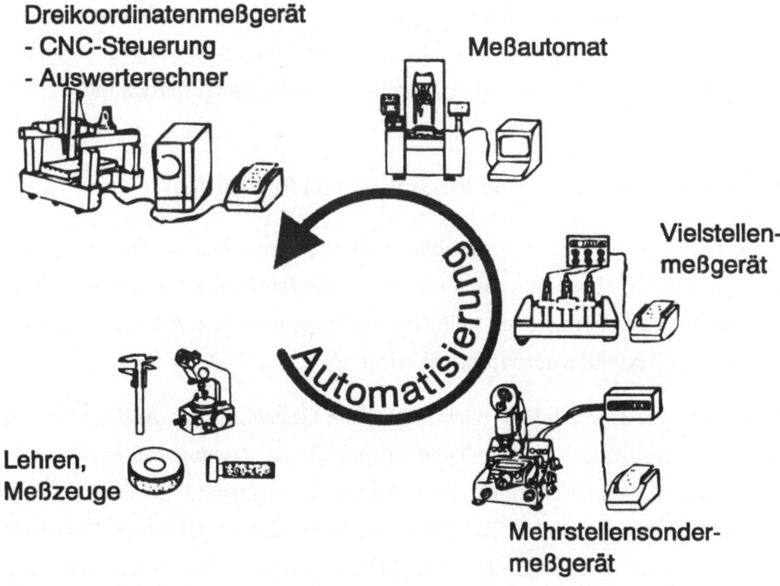

Bild 12: Typische Meß- und Prüfeinrichtungen in der Fertigung

Sieht man von reinen Sichtprüfungen zur Erkennung grober Mängel wie fehlender Geometrien, Risse o.a., an Werkstücken ab, benötigt man für die meisten Prüfungen entsprechende Meß- und Prüfmittel. In Bild 12 ist eine Auswahl von unterschiedlichen, in der spanenden Fertigungstechnik häufig verwendeten, Meß- und Prüfeinrichtungen dargestellt.

Unter Meßeinrichtungen versteht man nach VDI/VDE 2600 [34] die Gesamtheit aller Meßgeräte und Meßmittel, die zum Aufnehmen einer Meßgröße, zum Weitergeben und Anpassen eines Meßsignals und zum Ausgeben des Meßwertes erforderlich sind [30][35].

Abhängig von der zu erfüllenden Meßaufgabe können Meßgeräte mit unterschiedlichen Automatisierungsgraden hinsichtlich des Meßvorganges oder auch der Auswertung der Meßergebnisse gewählt werden (Bild 12). Entscheidend für die Meßunsicherheit sind die bei der Benutzung des Gerätes herrschenden Umweltbedingungen. Viele Meßgeräte können aufgrund ihrer Empfindlichkeit beispielsweise gegenüber Luftfeuchtigkeit oder Temperatur nicht in jeder Umgebung mit ihrer maximalen Leistungsfähigkeit eingesetzt werden [36].

2.2.2.3 Automatisierung und Flexibilität von Prüfmitteln

Zur Beurteilung der Fertigungsergebnisse werden, wie oben bereits dargestellt, Meß- und Prüfmittel benötigt. Im Hinblick auf die Integration von Prüfmitteln in hochautomatisierte Fertigungen stellt sich die Frage nach dem Automatisierungsgrad und der Flexibilität der Prüfmittel selbst.

Automatisierung ist nach Dolezalek in [37] die Gestaltung von Abläufen in der Weise, daß "der Mensch weder ständig, noch in einem erzwungenen Rythmus für den Ablauf tätig werden muß". Der Automatisierungsgrad ist demnach der Quotient aus automatisierten Tätigkeiten im Sinne der vorgenannten Definition und den verbleibenden manuellen Tätigkeiten innerhalb eines soziotechnischen Systems [38].

Flexibilität im Sinne eines komplexen Produktionssystems beschreibt die Fähigkeit, innerhalb einer bestimmten Zeit für verschiedene Aufgaben einsatzfähig zu sein. Je größer die Verschiedenartigkeit dieser Aufgaben und je geringer der Umstellungsaufwand hinsichtlich Zeit und Kosten bei Aufgabenwechsel ist, desto höher ist die Flexibilität des Systems [14][21]. Bezogen auf die einzelnen Komponenten eines solchen Systems bedeutet dies, daß die innere Flexibilität einer Zelle gemäß der o.g. Maxime groß sein muß, um eine hohe äußere Flexibilität des Systems zu ermöglichen. Masing [39] beschreibt die Flexibilität von Meßeinrichtungen anhand der Rüstbarkeit von Meßmitteln für die Geometrieelementeerfassung durch einen möglichst geringen Rüstaufwand für das Ausspannen der Teile und eine softwaretechnische Rüstung der Maschinensteuerung.

Es ist dabei nicht sinnvoll, jede denkbare und notwendige Prüfung automatisiert und flexibel gestaltet in ein Fertigungssystem zu integrieren. Dies verbietet sich auch schon aus Aufwands- und Wirtschaftlichkeitsgründen. Außerdem muß man sich klar vor Augen halten, daß automatische Prüfungen ausschließlich den vorgesehenen Prüfumfang abwickeln. Ein qualifizierter Prüfer hingegen ist in der Lage, auch Fehler zu erkennen, die bei der Prüfplanung nicht erwartet und damit nicht im Prüfplan vorgesehen wurden. Die Abschätzung über die Notwendigkeit einer Prüfung, ob manuell oder automatisiert ausgeführt, hängt von der Prozeßfähigkeit ab und kann mittels einer Fehler-Möglichkeits- und Einflußanalyse (FMEA) vorab ermittelt werden.

Bei den Meßvorgängen können unter anderem die in Bild 11 dargestellten Aufgaben am Meßmittel automatisiert und flexibel gestaltet werden. Neben dem eigentlichen Messung kann also das Rüsten und Abrüsten des Meßgerätes aber auch die Auswertung des Meßergebnisses automatisiert werden.

Im folgenden soll anhand einiger Beispiele kurz gezeigt werden, in welcher Bandbreite automatisierte Meßmittel zur Verfügung stehen, und daß die Automatisierung der genannten Funktionen der Meßgräte weitgehend unabhängig voneinander vorgenommen werden kann. Zur Einordnung der Beispiele dient Bild 13, das das Spektrum verfügbarer Meßgeräte einordnet.

Ein Meßschieber mit automatischer Ergebniserfassung und -auswertung unterscheidet sich in ihrer Handhabung in keiner Weise von einer Handmeßschieber. Durch den angeschlossenen Auswerterechner werden aber auch sehr komplexe Auswertungen und Hilfestellungen zur Sicherstellung der vollständigen Prüfplanabarbeitung möglich.

Typische Meßautomaten stellen Vielstellenmeßgeräte dar, wie sie bei der Nockenwellenprüfung verwendet werden. Hier werden mehrdimensionale Messungen vorgenommen, deren Ergebniserfassung und -auswertung ohne Rechner kaum möglich wäre. Bei solchen Meßgeräten findet die Steuerung des Meßablaufes ebenfalls automatisch statt. Solche Meßgeräte sind jeweils nur für die Messung eines eng begrenzten Werkstückspektrums geeignet und rüstbar.

Koordinatenmeßgeräte besitzen demgegenüber ein großes Potential für die vollständige Einbindung in ein FFS. In wachsendem Umfang werden CNC-Koordinatenmeßgeräte in FFS eingesetzt. Koordinatenmeßgeräte werden vorwiegend für die Messung prismatischer Werkstücke mit komplizierten Geometrieelementen verwendet. Die Leistungsfähigkeit dieser Geräte ist, hinsichtlich der Meßunsicherheit wie auch der Wirtschaftlichkeit, günstiger als die konventioneller Meßmittel [40][41].

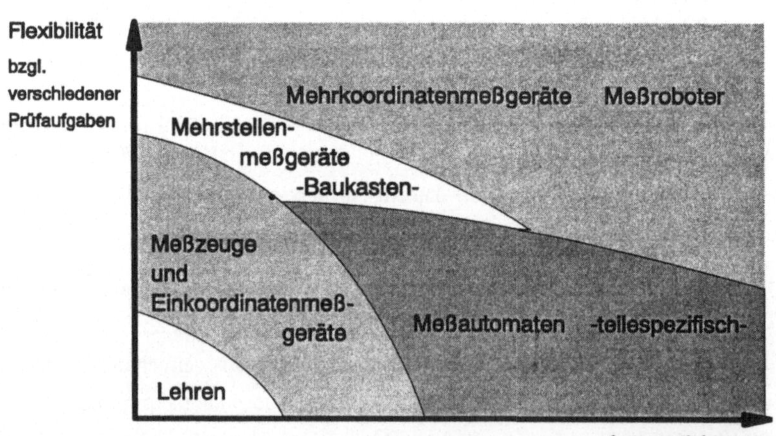

Bild 13:   Flexibilität versus Automatisierung nach [14]

Eine andere Kategorie von Meßmitteln stellen CNC-gesteuerte Koordinatenmeß-geräte dar. Sie vereinigen einen hohen Automatisierungs- und Flexibilitätsgrad in Auswertung und Steuerung des Meßgerätes mit einer großen Flexibilität hinsichtlich des meßbaren Werkstückspektrums. Die Rüstflexibiltät von Koordi-natenmeßgeräten erlaubt, je nach Bauart, einen automatischen Tasterwechsel [42][43]. Werkstücke werden in der Regel mit einfachen manuellen Vorrich-tungen aufgespannt.

Meßroboter werden zur schnellen Zwischen- und Endprüfung von Geometrie-elementen direkt im Fertigungsfluß von flexiblen Fertigungslinien oder von FFS eingesetzt. Sie vereinigen die Eigenschaften und Fähigkeiten von Koordinatenmeßgeräten mit denen von Handhabungsgeräten. Der Hauptvorteil dieser Geräte besteht in der schnellen Prüfdatengenerierung, da der Prüfvorgang in die notwendigen Handhabungsvorgänge integriert werden kann [44].

2.2.2.4 Integration von Prüffunktionen in das FFS

Unter der Integration von Prüffunktionen in FFS soll im folgenden die ergänzende Einbindung von Meß- und Prüffunktionen zu den vorhanden Fertigungsfunktionen verstanden werden. Die Summe der Prüffunktionen bildet das Prüfsystem, das dem Bearbeitungssystem zugeordnet ist.

Grundsätzlich lassen sich zwei Arten von Prüffunktionen unterscheiden. Zum einen die Funktionen innerhalb der Bearbeitungszellen, wie z.B. Handmeßgeräte oder Meßtaster und zum anderen Funktionen in eigenständigen, zu den Ferti-gungszellen analog aufgebauten Prüfzellen..

Die Einbindung von Meßgeräten innerhalb der Bearbeitungszelle wird im wei-teren nicht mehr betrachtet, da sie im allgemeinen direkt durch den Maschinen-bediener betrieben werden oder, wie im Falle des Meßtasters, eine Komponente der Werkzeugmaschine darstellen, deren Anbindung dem Stand der Technik ent-spricht. Bei dieser Gruppe von Prüffunktionen besteht das Problem eher in der Auswertung und Dokumentation der Meßergebnisse.

Prüffunktionen in eigenständigen Zellen werden als reine Postprozeßmeßfunktionen ausgeführt Das heißt, daß zum Zeitpunkt der Messung der vorangegangene Bearbeitungsprozeß am zu messenden Werkstück abgeschlossen ist und es von der Bearbeitungsmaschine abgespannt wurde.

Die Einbindung der Prüffunktion bezieht sich zum einen auf die räumliche Anordnung innerhalb des Fertigungssystems und zum anderen auf die logistische und informationsflußtechnische Anbindung an die bereits in Abschnitt 2.2.1 ff. beschriebenen Strukturen und Flüsse.

Bei der räumlichen Integration zeigt sich für einige Meßmittel, daß das Hauptproblem in der mangelhaften Abschirmung gegen Umwelteinflüsse liegt [45][46]. Haupteinflüsse sind, neben der Temperatur, die Luftfeuchtigkeit und die Kontamination der Luft mit Partikeln, speziell Öltröpfchen und Staub. So müssen viele Meßgeräte in klimatisierten Räumen betrieben werden. Solche Abschirmungen sind nicht nur rein baulich ein Hindernis, sondern hindern auch bei der Anbindung an einen automatischen Materialfluß [17][36]. Im Rahmen eines Gemeinschaftsprojektes der Deutschen Forschungsgemeinschaft wurden Methoden zur lokalen Kapselung von Koordinatenmeßgeräten entwickelt, die inzwischen zur Serienreife gelangt sind [47][48][49][50].

Die in der Fertigungsmeßtechnik am häufigsten vorkommende Messung ist die absolute Längenmessung. Diese setzt voraus, daß der Prüfling eine bestimmte Bezugstemperatur besitzt, die idealerweise über den ganzen Körper homogen verteilt ist. Für eine exakte Längenmessung ist daher die Kenntnis der Temperaturdifferenz des Prüflings zur Bezugstemperatur erforderlich. Die exakte Temperaturerfassung ist aufgrund der räumlichen und zeitlichen Änderungen an der Prüflingsoberfläche und durch die Zeitkonstante des Aufnehmers schwierig [51][52]. Bei den meisten metallischen Werkstoffen ist die Temperaturleitfähigkeit hoch und der Zusammenhang zwischen der Längendehnung und der Temperaturdifferenz über einen Ausdehnungskoeffizienten annähernd proportional, so daß eine Oberflächentemperaturmessung am Werkstück für eine Rückrechnung auf die Bezugstemperatur ausreichend ist.

Der Integration von Meßgeräten in den Informationsfluß stehen stark auf die lokale Automatisierung konzentrierte, geschlossene Gerätesteuerungskonzepte der automatisierten Prüfmittel entgegen. Schnittstellen mit DNC-Funktionalität, wie sie im Werkzeugmaschinenbereich bereits standardisiert und üblich sind, setzten sich nur sehr zögerlich im Meßgerätebereich durch. In den Vereinigten Staaten von Amerika entwickelte Standardsprachen für die Programmierung und Protokollierung in Meßgeräten setzten sich in Deutschland nur schwer gegen die individuellen Bedienungsoberflächen der Meßgeräte durch [89].

Bild 14: Beispiel einer gekapselten Koordinatenmeßmaschine [Werkbild Zeiss]

2.2.3 Bewertung des Ist-Zustandes beim Prüfen

Betrachtet man die Gesamtsituation beim Prüfen in FFS, kann festgestellt werden, daß sich der Automatisierungs- und Flexibilitätsgrad, den heute übliche Fertigungseinrichtungen besitzen, bei den Meß- und Prüfgeräten noch nicht eingestellt hat.

Die Integrationsfähigkeit von Meßgeräten ist aufgrund hoher technischer Empfindlichkeit sowohl gegenüber Umgebungseinflüssen als auch gegenüber

Prozeßparametern stark eingeschränkt. Andere Hürden bilden die geringe Automatisierung im Bereich Materialfluß und Handhabung. Die Probleme liegen hier in der Zugänglichkeit der Meßgeräte und der deutlich unterentwickelten Handhabungstechnik im Peripheriebereich.

Hinsichtlich der informationstechnischen Einbindung der Meßgeräte liegen die Hindernisse in den schlechten Anbindungsmöglichkeiten von Roboter- und Peripheriegerätesteuerungen.

Der Ausbau von DNC-Funktionalitäten an den Meßgeräten ist bis jetzt mangelhaft. Daher ist eine sinnvolle Anbindung eines Zellenrechners zur Zellensteuerung an die Maschinensteuerungen nur schwer möglich.

Sprachstandards für die Programmierung der Meßmaschinen und zur Protokollierung der Ergebnisse sind zwar vorhanden und bereits sehr weit entwickelt, aber sind bisher nur mangelhaft durchgesetzt.

2.3 Prüfplanung in der Arbeitsplanung für FFS

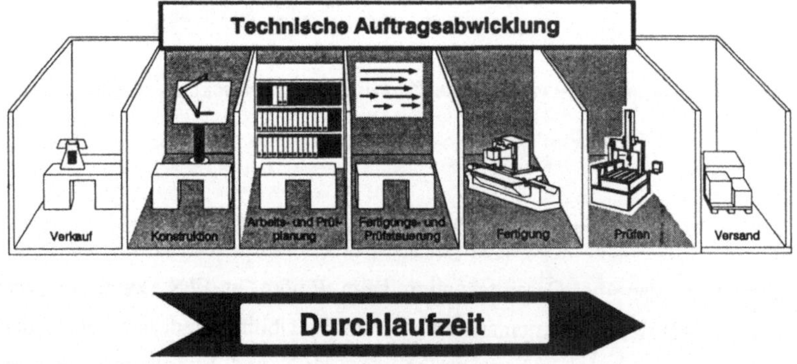

Bild 15: Unternehmensbereiche der technischen Auftragsabwicklung

Nach der eingehenden Analyse der Situation beim Prüfen in FFS soll jetzt in der Arbeitsvorbereitung der Zusammenhang zwischen der Arbeitsplanung und der Prüfplanung untersucht und dargestellt werden. Dabei liegt hier das Augenmerk auf der Systemfähigkeit der Prüfplanung. Das bedeutet, daß sowohl deren ablauforganisatorische Eingliederung in die Arbeitsplanung als auch deren Struktur und Arbeitsbereich im Hinblick auf eine effiziente technische Auftragsabwicklung geklärt werden soll. Dazu werden zunächst die Funktionen und Schnittstellen der Arbeitsplanung in der Arbeitsvorbereitung untersucht. Im Anschluß an die Abgrenzung der Aufgaben und Funktionen der Subsysteme zueinander wird der Schwerpunkt der Untersuchung auf die Prüfplanung gelegt. Ergebnis dieses Abschnitts soll eine klare Strukturierung der Funktionen der Prüfplanung und eine Analyse der Schwachstellen im Hinblick auf die Prüfvorbereitung sein. Ziel ist eine Reduzierung der Auftragsdurchlaufzeit in der Fertigung durch optimierte Prüfabläufe [53].

2.3.1 Arbeitsplanung in der technischen Auftragsabwicklung

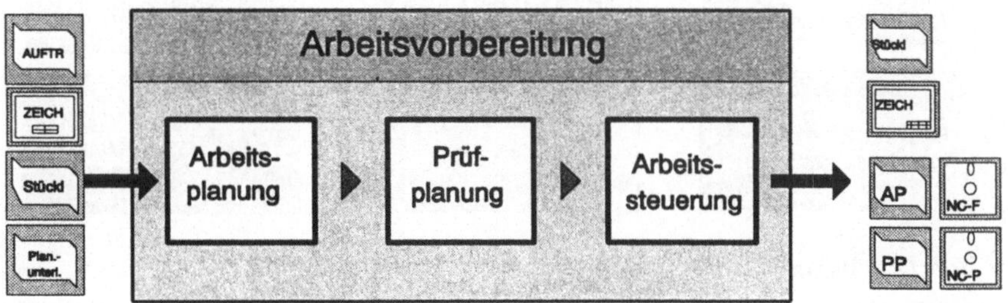

Bild 16: Struktur und Ablauf der technischen Auftragsabwicklung in der Arbeitsvorbereitung

Zunächst soll hier eine Standortbestimmung der Arbeitsplanung im Rahmen der technischen Auftragsabwicklung vorgenommen werden.

Die technische Auftragsabwicklung umfaßt diejenigen Bereiche eines Unternehmens, die von der Erteilung des Konstruktionsauftrages bis zur Fertigmontage an der Herstellung eines Produktes beteiligt sind [53][54][55].

Die Arbeitsplanung ist eine Teilfunktion der Arbeitsvorbereitung. Die Arbeitsvorbereitung fungiert als Bindeglied zwischen der Konstruktion und Produktion (Bild 15). Sie enthält neben der Teilfunktion Arbeitsplanung auch die Teilfunktion Arbeitssteuerung. Die Arbeitssteuerung übernimmt die plangemäße Abwicklung für die in die Produktion eingelasteten Aufträge [54][56]. Da diese Funktion an der Durchsetzung des einzelnen Auftrags, nicht aber an der Entstehung der Arbeitspläne beteiligt ist, wird sie hier nicht näher betrachtet.

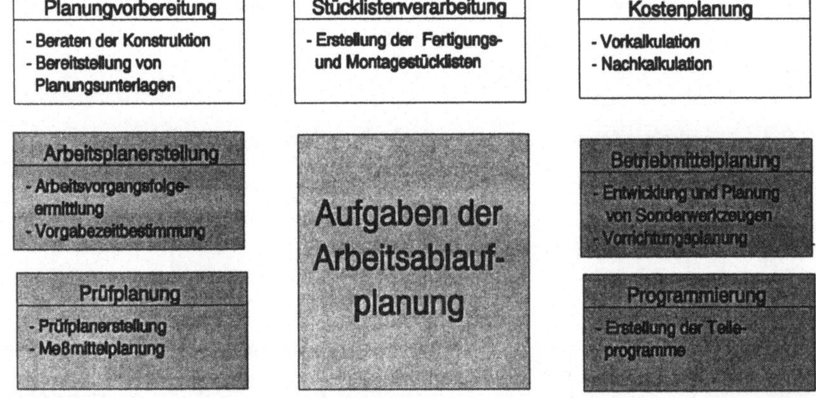

Bild 17: Aufgaben der Prüfablaufplanung nach Eversheim [56]

Zur Arbeitsplanung gehören die Aufgabenbereiche Arbeitssystemplanung und Arbeitsablaufplanung. Die Arbeitssystemplanung ist mit den eher langfristigen, die Gestaltung und Wirtschaftlichkeit der Produktionsanlage betrachtenden Tätigkeiten betraut [56]. Hierzu gehören ebenso die Investitions- wie auch die Methodenplanung. Da die Tätigkeiten der Arbeitssystemplanung die Auftrags- abwicklung und speziell die Prüfplanung in der Arbeitsplanung nicht unmittelbar beeinflussen, wird sie im weiteren nicht mehr betrachtet.

Hauptziel der Arbeitsablaufplanung ist die Umsetzung der von der Konstruktion generierten Produktinformation in Produktionsinformationen, wie sie in Fertigung und Montage gebraucht werden [57]. Im folgenden wird ausschließlich die Arbeitsablaufplanung betrachtet.

2.3.2 Aufgaben und Hilfsmittel zur Arbeitsplanerstellung

Eversheim beschreibt den Arbeitsplan als die logische und wirtschaftliche Reihenfolge und Beschreibung der Bearbeitungsschritte, um ein Werkstück oder eine Baugruppe von einem Ausgangszustand in einen Endzustand zu überführen [56]. Im folgenden werden die Tätigkeiten, die für die Arbeitsplanerstellung notwendig sind, sowie die Situation bezüglich der Hilfsmittel für die Erstellung der Arbeitspläne kurz dargestellt werden. Ziel ist es, darzulegen wo die Ansätze für die Integration der Prüfplanerstellung in die Arbeitsplanungsfunktionen liegen und wo es durch die organisatorische Trennung dieser Funktionen zu Doppelarbeit vor allem bei der Generierung von Ausgangsinformationen kommt [5].

Bei der weiteren Betrachtung der Aufgaben der Arbeitsablaufplanung ist der Bereich der Arbeitsplanerstellung aufgrund der Analogien zur Prüfplanerstellung und aufgrund der logischen Abhängigkeit der beiden Pläne voneinander detailliert dargestellt. Werden andere Funktionen der Arbeitsablaufplanung tangiert, so werden diese jeweils vorher analysiert und dargelegt.

2.3.2.1 Tätigkeiten in der Arbeitsplanerstellung

Zur Einordnung der in den folgenden Abschnitten betrachteten Arbeits- und Prüfplanungstätigkeiten und zur Systematisierung der Funktionen und Abläufe zeigt Bild 18 die Sequenz der verschiedenen Tätigkeiten, die für die Arbeitsplanung notwendig sind. Als Eingangsinformation steht die Zeichnung samt Stücklisten aus der Konstruktion zur Verfügung. Der erste Arbeitsschritt besteht in der Interpretation der Zeichnung und dem Erwerb weiterer Informationen für die zu planenden Bearbeitungen.

Der Arbeitsplaner legt aufgrund wirtschaftlicher und technischer Kriterien zunächst das Rohteil fest und bestimmt damit den Ausgangspunkt für die Bearbeitung. Mit der Arbeitsvorgangsbestimmung legt der Arbeitsplaner, abhängig von den vorhanden Fertigungsmitteln und -verfahren, die Sequenz der durchzuführenden Bearbeitungen fest. In dieser Phase ordnet der Arbeitsplaner den einzelnen Bearbeitungsvorgängen auch die entsprechenden Maschinen, Werkzeuge, Hilfsmittel und Vorrichtungen zu. Auf dieser Basis kann dann festgestellt werden, ob Vorrichtungen vorhanden sind oder ob sie, z.B. aus Baukästen, montiert werden können. Der Arbeitsplaner veranlaßt auch die Beschaffung von Sonderwerkzeugen und anderen notwendigen Betriebsmitteln.

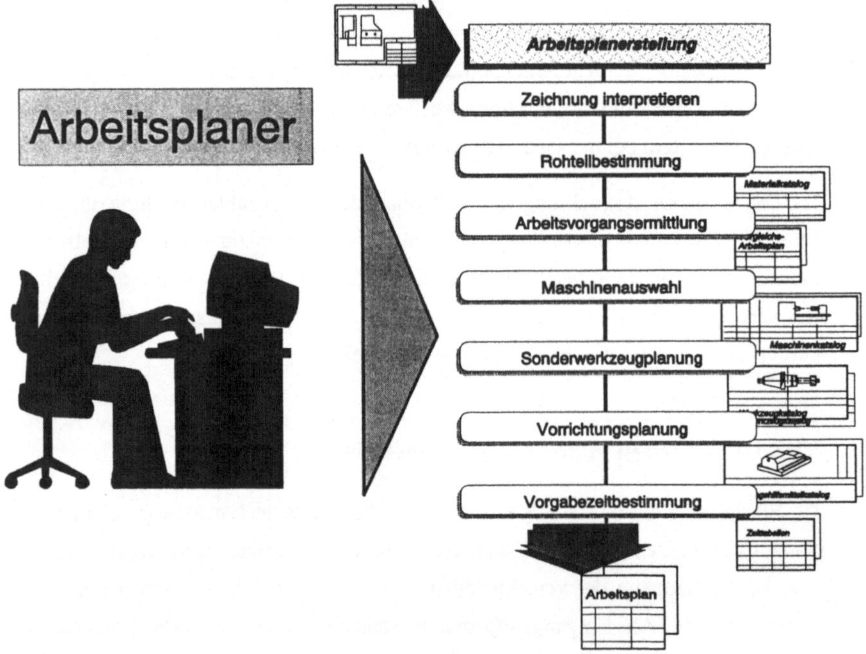

Bild 18: Tätigkeiten und Ablauf der Arbeitsplanerstellung

Zum Abschluß wird jeder Arbeitsvorgangsfolge die entsprechende Vorgabezeit für die Bearbeitung zugeordnet, die für die Kosten-, Kapazitäts- und Terminplanung notwendig ist [53].

Grundsätzlich können Planungstätigkeiten, wie in Bild 19 dargestellt, klassifiziert werden. Der Fall einer Neuplanung liegt dann vor, wenn zu Beginn der Planungstätigkeit keinerlei Planungsergebnisse aus vorangegangenen Planungen vorliegen oder verwendet werden. Bei Varianten-, Ähnlichkeits- oder Wiederholungsplanungen hingegen liegen bereits Planungsergebnisse vor, die als Grundlage für den durchzuführenden Planungsprozeß dienen können und diesen somit gegebenenfalls vereinfachen, verkürzen oder verbessern können.

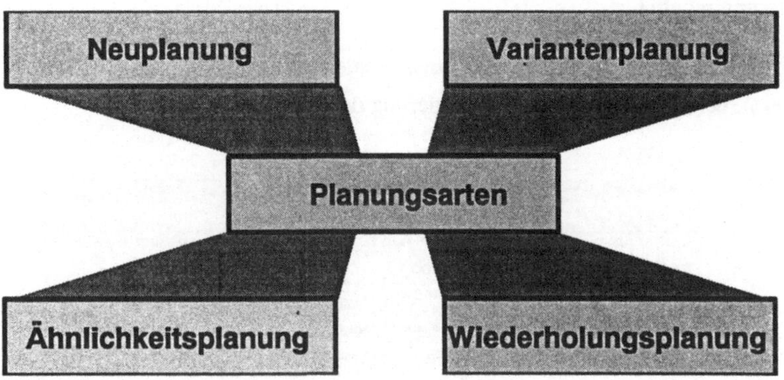

Bild 19: Verschiedene Planungsarten in der Arbeitsplanung

Bezogen auf die oben beschriebene Arbeitsplanerstellung bedeutet dies, daß im Fall der Neuplanung alle beschriebenen Tätigkeiten ohne Berücksichtigung eventuell vorhandener Planungsergebnisse ausgeführt werden müssen, um den Arbeitsplan zu erstellen. Die Neuerstellung eines Arbeitsplanes ist somit mit dem maximalen Planungsaufwand behaftet und stellt somit die höchsten Anforderungen an den Arbeitsplaner und seine Hilfsmittel. In den Fällen der Varianten- oder Ähnlichkeitsplanung wird bei der Arbeitsplanerstellung, ausgehend von vorhandenen, u.U. bereits eingesetzten Arbeitsplänen, geplant. Bei der Variantenplanung werden Standardarbeitspläne modifiziert und an das Werkstück angepaßt. Dabei wird nur innerhalb einer Variantenklasse geplant. Variantenklassen sind beispielsweise Teilefamilien [58]. Bei der Ähnlichkeitsplanung geht man von einem Arbeitsplan aus, der hinsichtlich seines Inhaltes durch Hinzufügen, Löschen oder Ändern modifiziert wird. Im Fall der Wiederholungsplanung finden keine inhaltlichen Änderungen im Arbeitsplan statt. Dieser Fall erfordert somit den geringsten Planungsaufwand.

Die auf vorhanden Arbeitsplänen basierenden Planungsverfahren stellen hohe Anforderungen an die Verwaltung der vorhandenen Arbeitspläne. Mit wachsender Menge fertiger Arbeitspläne ist die Übersicht und das Wiedererkennen von Basisplänen nur mit Methoden wie beispielsweise der Klassifizierung möglich.

In Bild 20 ist ein Ausschnitt aus einem realen Arbeitsplan dargestellt. Der Kopf des Arbeitsplanes dient zur Spezifizierung des Werkstücks.

Sachnummer		Benennung	Werkstoff		Seite
201 432 8971		Zylinderkopf re.	G-Al Si 10		1
Zeichnungsnummer		Zeichnungsstand	Modell/Gesenknr.		Datum
BD3161348761		03.05.90	BD3161348761		05.06.92
Arbeitsplaner		Bemerkungen			
Garmeyer		AGH 123 von FR 01 in GD02 geaendert AGH 324 zugefuegt			
AFO	**Maschgrp**	**TR**	**LG**	**TE**	**Arbeitsvorgangsbeschreibung**
005	AB02	5	5	5	Rohteil Pruefen Rohteil in AVS vorhanden
010	FW02	80		3	Austasten u. Anreissen zum Einrichten der Vorrichtung; Kontrollmasse zur BZE;
030	NC45	480		40,0	1.Aufspannung (Aufnahme mit Vorrichtung VV0789328347 an Schmiedekontur; mittlere u. re. Ansicht; Schnitt B1-B1: li. Zapfenstirnfläche Mass 97,7+0,7 entgg Zeichnung auf 97,8+0,05 zur BZE fraesen; zentrieren (m. Zentrierbohrer F3 8773/D3,7 zentrieren u. m. D3,9 JS12X9 +/-0,5 tief aufsenken/aufbohren).
035	PFAS	0		0,0	2. Werkstueck pruefen PFBG Baumasse PFKH Koordinatenmasse (2 Einfraesungen D32/70 nicht erforderlich)

Bild 20: Ausschnitt aus einem Arbeitsplan für einen Zylinderkopf

2.3.2.2 Rechnergestützte Arbeitsplanerstellung

Zur Erstellung von Arbeitsplänen sind heute rechnergestütze Hilfsmittel üblich. Dabei geht die Bandbreite von reinen Texterstellungssystemen mit Archivierungsmöglichkeit bis hin zu 3D-graphischen interaktiven Planungssystemen [53] mit integrierter graphischer Simulation der Bearbeitungsvorgänge. Die Betrachtung solcher Systeme ist an dieser Stelle jedoch nur insoweit wichtig, als daß die Grundfunktionen und die Methodik bei der Arbeitsplanerstellung grob erkennbar werden sollen, um die Integrationsansätze und Schnittstellen in der zu beschreibenden Systematik zu erläutern.

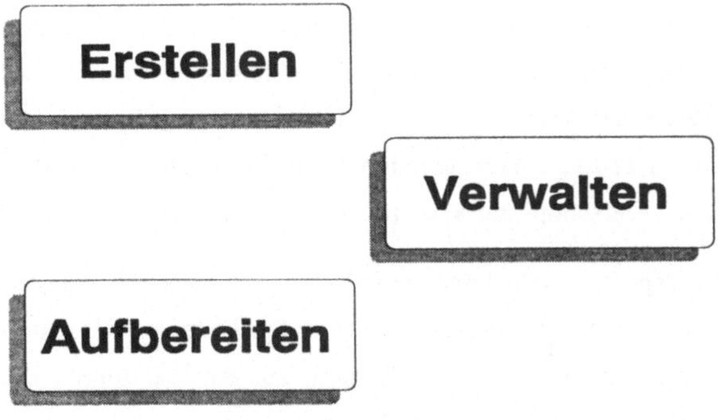

Bild 21: Rumpffunktionen eines Arbeitsplanungssystems nach Eversheim [56]

In Bild 21 sind die Rumpffunktionen nach Eversheim dargestellt, die ein Arbeitsplanungssystem grundsätzlich ausführen können muß. Die Funktion Erstellen dient zur Generierung von Arbeitsplänen. Der Arbeitsplaner erstellt, gemäß der im Abschnitt 2.3.2.1 beschriebenen Vorgehensweise, den Arbeitsplan. Die Funktion Verwalten archiviert im einfachsten Fall Arbeitspläne mit Hilfe einer Datenbank. Die Funktion Aufbereiten dient zu Änderungen bzw. Ergänzung von Arbeitsplänen im Sinne der Erzeugung von Varianten oder zur Spezifizierung.

Die meisten derzeit in Unternehmen installierten Arbeitsplanerstellungssysteme sind in PPS-Systeme integrierte Module, die die Änderungs- und Wiederholplanung durch komfortable Editiermöglichkeiten unterstützen [59]. Sie ersetzen damit Karteikastensysteme, indem sie die Daten elektronisch speichern und wiederaufrufbar halten. Der mit solchen Systemen erreichte Vorteil liegt im wesentlichen in der vereinfachten Bearbeitung der Texte der Arbeitspläne und derenVerwaltung.

2.3.3   Stellung der Prüfplanung in der Arbeitsplanung

In vielen Unternehmen ist das Qualitäts- und Prüfwesen ein aus den wertschöpfend tätigen Bereichen ausgegliedertes Gebiet. Das Prüfen gilt als den Arbeitsfortschritt hemmende Tätigkeit. Sieht man vom Einrichtebetrieb ab, hat ein Maschinenbediener nur sehr bedingt Interesse an der Prüfung seiner Arbeitsergebnisse. Bild 22 zeigt die Eingliederung qualitätssichernden Funktionen in die Funktionen der Werschöpfungskette [60].

Qualitätsplanung ist nach DIN 55350 "das Auswählen, Klassifizieren und Gewichten der Qualitätsmerkmale sowie das schrittweise Konkretisieren aller Einzelanforderungen an die Beschaffenheit zur Realisierungsspezifikation und zwar im Hinblick auf das Anspruchsniveau und unter Berücksichtigung der Realisierungsmöglichkeiten"[61][62]. Die Funktion Qualitätsplanung ist danach zwischen Konstruktion und Arbeitsvorbereitung angesiedelt und setzt die strategischen Qualitätsziele und -konzepte des Unternehmens in Anforderungen um.

Die Qualitätsprüfung dient nach DIN 55350 "der Feststellung, inwieweit eine Einheit die Qualitätsforderung erfüllt". Die Qualitätsprüfung hat demnach die Aufgabe, die Einhaltung der Qualitätsmerkmale im Verlauf der Produktion zu überwachen und entsprechende Reaktionsprozesse einzuleiten, wenn Abweichungen auftreten. Nach [63][64] gliedert sich die Funktion Qualitätsprüfung in die Unterfunktionen Prüfplanung, Prüfausführung, Prüfauswertung

In der Prüfplanung werden Prüfpläne auf der Grundlage von Arbeitsplänen und Zeichnungen erstellt und verwaltet. Analog zum Arbeitsplan werden hier die Informationen für die Prüfausführung generiert [65].

Für die Durchführung der Prüfung im Wareneingang, in der Fertigung oder in der Montage sorgt die Prüfausführung. Hier werden die Meß- und Prüfergebnisse gewonnen, vorverdichtet und zur Verfügung gestellt.

Bild 22: Eingliederung der Funktionen der Qualitätssicherung nach [66]

Mit der Prüfdatenauswertung wird die Funktion Qualitätsprüfung beendet. Durch entsprechende Verdichtung der Ergebnisse der Prüfausführung werden die Qualitätsdaten für den Einkauf, die Dokumentation und die Konstruktion gewonnen. Typische Ergebnisse sind Kennzahlen und Statistiken über Fehlerhäufigkeit, -kosten und -ursachen.

Die Qualitätslenkung hat im operativen Bereich der Produktion die Aufgabe, "die vorbeugenden, überwachenden und korrigierenden Tätigkeiten bei der Realisierung der Einheit mit dem Ziel, die Qualitätsforderung zu erfüllen" [30]. Dazu nutzt die Qualitätsplanung die Daten und Informationen, die in den vorgelagerten Bereichen erzeugt werden. Die unmittelbare Qualitätslenkung wirkt direkt auf den Realisierungsablauf, also den Produktionsprozeß, und optimiert diesen. Die Eingriffe gehen dabei unmittelbar in die Bereiche Rohstoffauswahl, Maschinen-, Prozeßparameter, Mitarbeiter sowie aus Produkthaftungsgründen auf die Marktbeobachtung [67].

Im weiteren wird speziell die Funktion der Qualitätsprüfung betrachtet, da sie durch die sequentielle Anordnung der Bearbeitungs- und Prüfvorgänge unmittelbar durchlaufzeitverlängernd wirkt.. Die zu entwickelnde Systematik verfolgt das Ziel der Optimierung des Auftragsdurchlaufs. Bild 22 spezifiziert die Aufgaben, die die Funktion Prüfplanung hat und teilt sie in kurz- und langfristige ein [68] Die Funktionen der Qualitätsplanung und -lenkung und deren erzeugte Informationen gelten dabei als verfügbar.

2.3.4   Aufgaben und Hilfsmittel für die Prüfplanerstellung

In den beiden folgenden Abschnitten werden die Aufgaben, die von der Prüfplanung zu bewältigen sind, und die zur Verfügung stehenden Hilfsmittel analysiert. Zielsetzung dieses Abschnittes ist es, festzustellen, welche Hemmnisse im Bereich der Prüfplanung einer optimalen Auftragsabwicklung im Weg stehen.

Untersuchungen bei Unternehmen mit flexiblen Fertigungen haben ergeben, daß häufig die Funktion, die die Planung der Prüfvorgänge hinsichtlich Prüfmerkmalsauswahl, -umfangsbestimmung und Prüfmittelauswahl ausführt, eher spontan unmittelbar vor Beginn der Prüfung vom Prüfer selbst ausgeübt wird [68]. Den Anlaß, die Prüfung einzuleiten, stellt dabei in der Regel ein textueller Hinweis im Arbeitsplan dar, der jedoch keine näheren Angaben zum Prüfen enthält.

Auch Melchior und Kring [69] sowie Bulgrin und Müller [63] haben in einem ähnlichen Fertigungsumfeld festgestellt, daß die Prüfer in den meisten Fällen aufgrund ihrer Erfahrung und weniger aufgrund der Prüfvorschrift prüfen. Diese Vorgehensweise birgt drei erhebliche Gefahren für die Produktion:

- Unsicherer tatsächlicher Prüfumfang,

- Nicht planbare, zumeist längere Prüfzeit,

- Unkoordinierte Dokumentation.

Ein unsicherer, tatsächlicher Prüfumfang rührt aus Zeitnot, Flüchtigkeit oder mangelndem Überblick des Prüfers. Dies kann, abhängig vom Umfang der notwendigen aber nicht vollzogenen Prüfungen, hohe Folgekosten verursachen. Außerdem ist eine sinnvolle Vorbereitung von Prüfungen hinsichtlich Vorrichtungsbau, NC-Programmierung und Prüfmittelbeschaffung nicht möglich. Dies führt zu langen, nicht planbaren Prüfzeiten, die z.B. Maschinenstillstand bei der Erstteilprüfung verursachen. Die Folge sind erhöhte Herstellungskosten. Unter den Aspekten der Zertifizierung, Auditierung, Produkthaftung und der Regelung der Qualität ist eine ausführliche, u.U. standardisierte Dokumentation erforderlich. Erfolgt diese unvollständig oder falsch, können die Fehler erhebliche Folgekosten verursachen und andere Maßnahmen im Hinblick auf die Entwicklung der Produktqualität unterminieren.

Die oben geschilderte Situation entspricht nicht dem Stand der Erkenntnis, der auf dem Gebiet der Prüfplanung erreicht ist. Vielmehr spiegelt sich darin die Tatsache, daß an Forschungsinstituten und Hochschulen Systeme zur Prüfplanung entwickelt werden, aber die Umsetzung in die Praxis eher schleppend vonstatten geht [53][69].

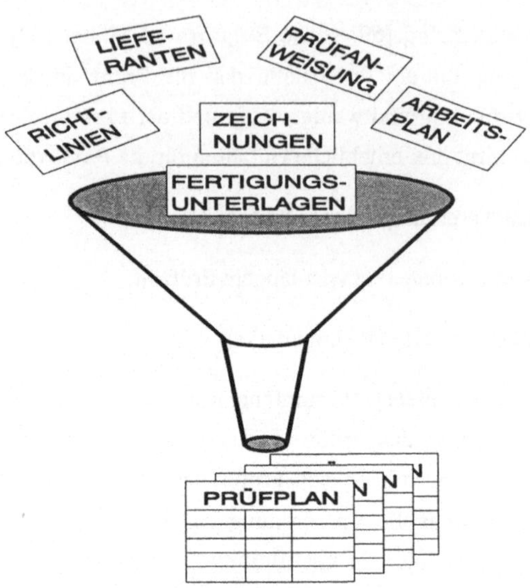

Bild 23:   Eingangsinformationen für die Prüfplanung

Bild 23 gibt einen Überblick über die Informationen, die zu Beginn des Planungsvorganges vorliegen müssen, um als Ergebnis einen Prüfplan zu erhalten. Die Eingangsinformationen können grundsätzlich in auftragsneutrale Informationen wie Richtlinien, Normen, Gesetze und in auftragsabhängige Informationen wie Zeichnung und Arbeitsplan aufgegliedert werden.

Im Anschluß an die Prüfplanerstellung kann eine eventuelle NC-Programmierung für die Prüfmaschinen stattfinden sowie weitere vorbereitende Maßnahmen eingeleitet werden.

2.3.4.1   Tätigkeiten bei der Prüfplanerstellung

Bild 24 zeigt die Tätigkeiten und Aufgaben, die zur Erstellung eines Prüfplanes bearbeitet werden müssen. Das Ziel der Prüfplanerstellung besteht in der Erstellung einer dem Arbeitsplan analogen Fertigungsunterlage für den Prüfer, die werkstückspezifisch festlegt, zu welchem Zeitpunkt im Verlauf des

Herstellungsprozesses es von wem, in welchem Umfang und womit zu prüfen ist. Der Fertigungsablauf erfordert eine Vernetzung des Arbeitsplanes mit dem Prüfplan hinsichtlich der Reihenfolge der einzelnen Prüfvorgänge. Der Prüfplan muß sich am Arbeitsplan bzw. dem dort beschriebenen Fertigungsablauf orientieren.

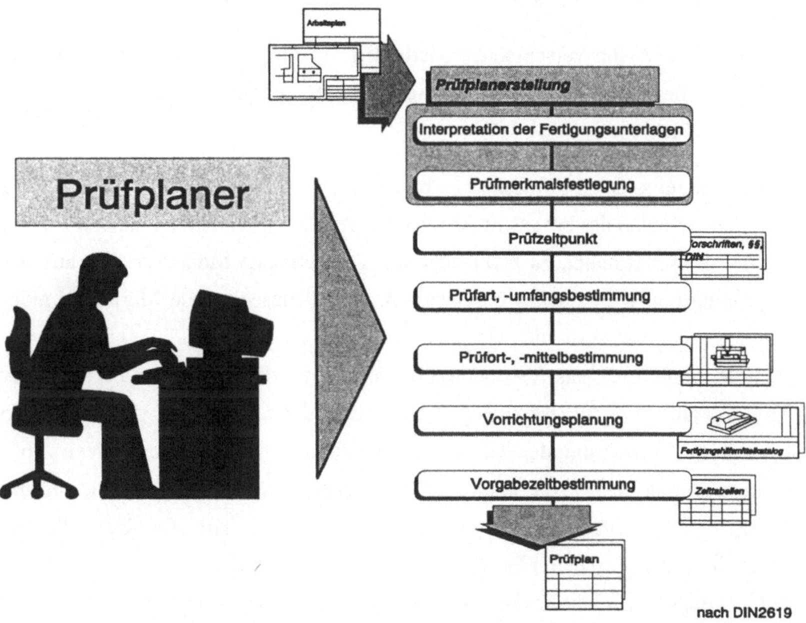

Bild 24:   Tätigkeiten bei der Prüfplanerstellung nach VDI 2619

Ohne auf die einzelnen Methoden speziell einzugehen, kann der Vorgang der Erstellung von Prüfplänen nach VDI/VDE 2619 folgendermaßen zusammengefaßt werden:

Auftragsbezogene Eingangsinformationen für die Prüfplanerstellung sind die Zeichnung und der Arbeitsplan. Analog zur Arbeitsplanerstellung beginnt der Vorgang der Prüfplanerstellung mit der Interpretation der Arbeitsunterlagen zur Prüfmerkmalsermittlung. Hierzu muß der Prüfplaner neben der Konstruktion den gesamten Fertigungsablauf analysieren, um aufgrund der Fertigungsverfahren notwendige Prüfungen zu erkennen. Nach der Entscheidung über die Prüfnotwendigkeit wird der Prüfzeitpunkt und die Prüfart festgelegt. Mit der Bestimmung des Prüfumfanges, des Prüfortes und des Prüfmittels ist die Arbeitsvorgangsfolge vollständig beschrieben. Mit der Prüfmittelbestimmung wird die Vorrichtungsplanung und -konstruktion angestoßen. Zur Terminierung und Steuerung der Prüfabläufe wird im letzten Schritt die Vorgabezeit ermittelt.

In der Literatur sind verschiedene Methoden für die Abarbeitung der einzelnen Aufgaben bekannt. Außerdem ist die Reihenfolge der Aufgabenbearbeitung unterschiedlich.

Die Erkennung der Prüfmerkmale bildet die Voraussetzung für das weitere Vorgehen. Gemäß der bereits in Abschnitt 2.2 zitierten Statistiken handelt es sich bei den Prüfmerkmalen zu etwa 90% um geometrische Merkmale, die aus der Zeichnung des Werkstückes hervorgehen. Dabei müssen diese Merkmale nicht alle direkt prüfbar, also vom Maß her verkörpert sein, sondern können auch, wie [32][70] beschreibt, aus Sekundärmerkmalen abzuleitende Merkmale sein. Für die Auswahl der Prüfmerkmale gibt es verschiedene Methoden, die im Prinzip alle auf die Gewichtung der Fehlerfolgen hinauslaufen. Mecklenburg-Weiss [65] beschreibt eine der FMEA ähnliche Vorgehensweise, die auf die Funktion und die Kundenforderung ausgerichtet ist. Als Kennzahl wird das Herstellrisiko ermittelt, das sich aus dem Produkt des Risikos des Auftretens eines Fehlers, der Entdeckungswahrscheinlichkeit und dessen Auswirkung ergibt. Der Vorteil dieses Verfahrens liegt in der Automatisierbarkeit bei der Prüfplananpassung. Ein anderes Verfahren wählt die zu prüfenden Merkmale anhand der Fehlerfolgekosten aus [64]. Es stellt im wesentlichen eine Umformulierung des bereits genannten Verfahrens auf Kostengesichtspunkte dar. Reles [66] schlägt ein von der Verfahrensweise grundsätzlich unterschiedliches Vorgehen vor. Nach der Sammlung aller prüfbaren Merkmale eines Werkstücks wird die Prüfnot-wendigkeit anhand der Kriterien Prüfkosten, Fehlerkosten, Fertigungs-unsicherheit und Nachweisforderung beurteilt [71]. Damit stellt dieses Verfahren ein kombiniertes, nach individuellen Gesichtspunkten gewichtbares Vorgehen dar. Wilhelm [83] schlägt vor, im Rahmen eines Produktmodells eine Sprache zur

Formulierung der Prüfmerkmale aufzubauen. Die Prüfaufgaben werden nach drei Gesichtspunkten ausgewählt:

- produktionsorientiert,

- auftragsorientiert,

- produktorientiert.

Die Merkmalsauswahl ergäbe sich somit aus der Zielrichtung der Prüfung. Das Verfahren impliziert somit auch die Frage nach der Prüfnotwendigkeit.

Bei der Bestimmung des Prüfzeitpunktes wird das Optimum zwischen "soviel wie möglich, so früh wie möglich prüfen" und der damit sich verringernden Effizienz der Produktion gesucht. Üblicherweise wird der Prüfzeitpunkt nach der Fehlerwahrscheinlichkeit ermittelt [66][65].

Bei der Prüfartfestlegung unterscheidet man die Variablenprüfung, die anhand quantitativer Merkmale vorgenommen wird, von der Attributprüfung, bei der qualitative Merkmale erfaßt werden. Diese Unterscheidung birgt keinerlei eindeutige Konsequenz für die Verfahrensrationalisierung [32].

Mit der Bestimmung des Prüfumfangs legt der Prüfplaner fest, an wievielen Einheiten ein Prüfmerkmal zu prüfen ist und mit welcher Verteilung die Stichproben aus dem Los gezogen werden müssen. Seine Entscheidung ist dabei von verschiedenen, zumeist unternehmensintern festgelegten Parametern abhängig. Grundsätzlich werden losbezogene und kontinuierliche Verfahren zur Fertigungsüberwachung unterschieden. Ein typischer losbezogener Prüfvorgang ist die Wareneingangsprüfung. In der Regel werden, wenn eine solche Prüfung angeordnet wird, Stichproben mit einer von der Lieferantengeschichte abhängigen Größe und Verteilung gezogen und ausgewertet. Bei kontinuierlichen Prüfverfahren werden fertigungsbegleitend Stichproben gezogen und bewertet. [64].

Die VDI/VDE-Norm-2619 differenziert beim Prüfort drei Möglichkeiten. Eine Prüfung kann innerhalb der Maschine, maschinennah oder maschinenfern durchgeführt werden. Eine Prüfung in der Maschine geschieht ohne das Teil abzuspannen u.a. mit maschineneigenen Meßmitteln. Die Prüfung innerhalb der

Zelle, aber nicht in der Aufspannung durchzuführen, wird als maschinennah bezeichnet. Typische Prüfmittel sind mobile Prüfplätze oder Meßroboter für den Werkstatteinsatz. Maschinenferne Prüfungen sind Prüfungen, wie sie z.B. im Meßraum vorgenommen werden. Die Festlegung des Prüfortes hat auch einen erheblichen Einfluß auf den Prüfzeitpunkt [65] und muß nach Zeller [32] mit dem Gesamtprüfplan abgeglichen werden, wenn einzelne Prüfmerkmale nur mit speziellen Prüfmitteln geprüft werden können.

Reihenfolge der Prüf- planungs- funktionen	VDI/VDE/DGQ	Zeller	Reles	Mecklenburg-Weiss	Wilhelm	Dutschke	Breyer
Prüfmerkmalbest.	1	1	1	1	1	1	1
Prüfzeitpunkt	2	3	2	2	3	3	/
Prüfumfang	3	5	3	3	*	2	2
Prüfmittelauswahl	5	2/4	/	4	2	4	3
Prüfortfestlegung	4	6	/	/	5	5	/
Prüfzeit/ -kosten	/	/	/	/	4	/	/

Legende: Zahl=Reihenfolge; /=keine Aussage
*=keine direkte Einordnung in Reihenfolge

Bild 25:   Vergleich verschiedener Prüfplanungsabläufe [72]

Damit spielt diese Entscheidung auch in den Bereich der Prüfmittelauswahl hinein. Die Bestimmung der Prüfmittel kann nach verschiedenen Methoden vorgenommen werden. Die Kriterien hierfür sind die Eignung, die Zugänglichkeit der Meßstelle, die Meßunsicherheit und die Prüfkosten. Es sind verschiedene Methoden für die Auswahl der Prüfmittel bekannt. Breyer beschreibt ein Verfahren, das mit einer Prüfmittelauswahlmatrix arbeitet und entsprechend automatisierbar ist. Auch Dutschke [73] und Zeller [32] verwenden ein Verfahren auf der Basis eines Prüfmittelkataloges. Wesentliche inhaltliche Unterschiede bestehen dabei lediglich in ergänzenden Informationen aus der Prüfmittelüberwachung. An dieser Stelle muß im Rahmen einer Zusammenfassung von Prüfvorgängen auch ein rationeller Einsatz der Prüfmittel geplant werden [32].

Um die Verfahren im Vergleich beurteilen zu können, ist in Bild 25 eine Darstellung der verschiedenen bekannten Abläufe zusammengestellt. Man erkennt, daß entweder im Anschluß an die Bestimmung der Prüfmerkmale und damit der Prüfnotwendigkeit arbeitsplanorientiert der Prüfzeitpunkt festgelegt werden kann oder aber, orientiert am vorhandenen Prüfmittelbestand, zunächst das Prüfmittel ausgewählt wird. Der letztere Ansatz erlaubt dem Planer Prüfungen, die im Ablauf der Fertigung zu verschiedenen Zeitpunkten sinnvoll angeordnet werden können, in einem Prüfvorgang zusammenzufassen.

Wilhelm [83] führt zusätzlich noch eine Untersuchung der Prüfkosten zur Abschätzung des wirtschaftlichen Aufwandes durch.

Die Betrachtung der Vorgehensweise bei der Planung von Prüfvorgängen legt die Schlußfolgerung nahe, daß sich die Aufgaben der Fertigungsplanung und der Prüfplanung überschneiden [63], und somit ein Integrationspotential besteht.

2.3.4.2 Rechnergestützte Hilfsmittel zur Prüfplanerstellung

Die Erstellung von Prüfplänen unterliegt, wie im vorangegangenen Kapitel deutlich geworden ist, ähnlichen Randbedingungen, wie die Erstellung von Arbeitsplänen. Ergebnis der Planung ist eine Anweisungsliste, die abzuarbeiten ist. Einfache Prüfplanerstellungssysteme funktionieren daher wie Textverarbeitungssysteme mit einer Datenbank für Prüfpläne und software-technisch hinterlegten Tabellen für Prüfmittel, Vorgangszeiten und Normen. Untersuchungen in Unternehmen haben gezeigt, daß diese Situation bei flexiblen Fertigungen, neben der Benutzung von Standardprüfplänen, sehr häufig anzu-treffen ist. Die Rechnerunterstützung beläuft sich bei solchen Systemen auf die automatisierte Datenhaltung, Verwaltung und Aufbereitung. Der Planer wird operativ nicht von dem Softwaresystem unterstützt. Die verfügbaren Hilfsmittel beschränken sich auf das Vorhalten von Tabellen und Datenblättern und einzelne statistische Aufgaben, wie das Dynamisieren von Prüfhäufigkeiten [63].

Weiterentwickelte Systeme sind vor allem im Rahmen von Forschungsprojekten zum Thema Integration von CAQ-Systemen entstanden. Die Hauptrichtung bei der Entwicklung von Prüfplanungssystemen basiert auf CAD-Systemen, deren Funktionalität durch entsprechende Module so erweitert wird, daß nicht nur der Eingabeaufwand für den Prüfplan deutlich verringert wird, sondern auch eine vollständige, im Hinblick auf die Prüftechnologie teilautomatisierte Planung erfolgen kann. Solche Systeme setzten sich in Unternehmen bisher nur schwer durch, da unter Produktmodellierung häufig die reine Geometriemodellierung zur Zeichnungserstellung verstanden wird. Im folgenden werden die wesentlichen Ansätze zusammengefaßt.

In dem von Wilhelm [83] konzipierten, CAD-gestützten Prüfplanungssystem wird ein 3D-Geometriemodell aufgebaut, mit dessen Geometrieelementen für das Werkstück qualitätsrelevante Attribute verknüpft sind. Die Auswertung dieser Attribute führt zum Aufbau des Prüfplanes. Anhand heuristischer Verfahren wird dabei, mit Unterstützung des Planers, für jedes Merkmal Prüfzeitpunkt und Prüfmittel festgelegt. Diese Verfahren berücksichtigen Fertigungszwischenzustände nur, wenn sie als Produktmodell in der oben beschriebenen Form vorliegen.

Eine Klassifizierung der Werkstückmerkmale durch die Konstruktion und die Arbeitsplanung ermöglicht Reles eine rechnergestützte Prüfplanung in den verschiedenen Fertigungsstufen. Zeller hingegen entwickelt einen Prüfmerkmalskatalog, der einem Standardprüfplan für vorgegebene Geometriemakros entspricht. Im Rahmen einer CAD-Modellierung des Werkstücks werden interaktiv die Prüfmerkmale ausgesucht und bewertet. Anhand des Prüfmerkmalskatalogs und der CAD-Zeichnung können dann die Prüfpläne und zum Teil sogar die Prüfzeichnungen automatisch generiert werden[5][32][74].

Resümierend muß aber dennoch festgestellt werden, daß die Entwicklung von CAQ-Systemen bisher nicht zu einer deutlichen Integration der Vorgänge in die Arbeitsvorbereitung beigetragen hat. Durchlaufzeitverkürzungen werden im wesentlichen durch die Vereinfachung von Verwaltungs- und Bearbeitungsfunktionen erreicht. Der eigentliche Planungsvorgang wird aber weder technisch noch organisatorisch verbessert [5][75][76].

2.3.4.3 Methoden der NC-Programmierung für Meßgeräte

Der Einsatz automatisierter, numerisch gesteuerter Prüfmittel in der Fertigung erfordert, neben der Erstellung eines Prüfplans, eine spezielle Planung der Programmierung der NC-Steuerung des Meßgerätes und der Auswertung der Meßergebnisse [5]. In Frage kommen dazu drei grundsätzlich unterschiedliche Verfahren:

- Manuelle Programmierung

- Teach-in Programmierung

- Off-line Programmierung

Bei der manuellen Programmierung wird auf einem Bedienpult an der Maschine die Sequenz der Positionier- und Maschinenbefehle eingegeben, die von der Maschine abgearbeitet werden soll. Bei diesem Verfahren belegt der Programmierer während der Programmeingabe die Maschine und muß, um das Programmierergebnis zu überprüfen, das erste zu prüfende Werkstück Schritt für Schritt mit der Meßmaschine messen.

Beim Teach-in-Verfahren führt der Bediener die Maschine von Hand entlang der vorgesehenen Verfahrwege an die Antastpunkte. In der Steuerung werden die vom Bediener ausgeführten Bewegungen und Operationen gespeichert und stehen damit zu einer automatischen Wiederholmessung zur Verfügung.

Bei der Off-line Programmierung werden die Informationen, die für einen automatischen Ablauf eines Meßprogramms notwendig sind, unabhängig von der Maschine aufgenommen und so gespeichert, daß die Maschine unmittelbar vor dem Ablauf der automatischen Prüfung das Meßprogramm in Ihre Steuerung einlesen und es dann abarbeiten kann. Für die Off-line Programmierung sind verschiedene Programmierumgebungen denkbar, die im folgenden Abschnitt dargestellt werden. Off-line-programmierte NC-Meßprogramme müssen bei der ersten Benutzung, ähnlich wie NC-Bearbeitungsprogramme auf ihre Vollständigkeit, Richtigkeit und Kollisionsfreiheit hin überprüft und korrigiert werden [33]. Neben dem dazu notwendigen Zeitaufwand, wird ein für das NC-Programmieren qualifizierter Mitarbeiter benötigt.

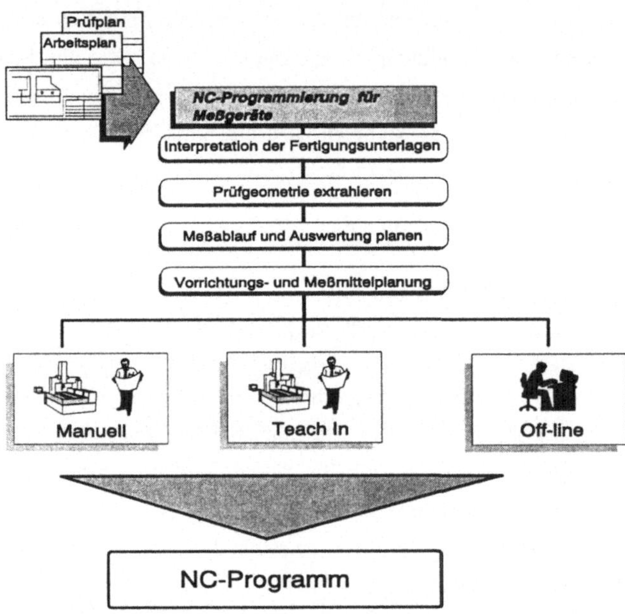

Bild 26:   Vorbereitende Tätigkeiten für die NC-Programmierung und verschiedene übliche Programmierverfahren für Meßgeräte

Grundsätzlich sind die vorbereitenden Tätigkeiten bei der NC-Programmierung für Meßgeräte weitgehend unabhängig von der angewandten Programmiermethode (Bild 26).

Zur NC-Programmierung müssen zunächst die Fertigungsunterlagen analysiert werden, um die entsprechenden Prüfanweisungen nachvollziehen zu können. Der NC-Programmierer bestimmt den Ablauf des Prüfprogrammes. Weiterhin plant er die Konstruktion der Vorrichtung zum Aufspannen des Werkstücks und die notwendigen Meßhilfsmittel wie z.B. Taststifte. Das Ergebnis der Arbeit des planers ist ein NC-Programm und entprechende Anweisungen für das Aufspannen der Werkstücke sowie eine Montage- und Rüstvorschrift für das Meßmittel.

Untersuchungen in der industriellen Praxis zeigen, daß die manuelle Programmierung und das Teach-in-Verfahren ein große Rolle spielen. Unter Off-line Programmierung wird häufig eine maschinenferne, manuelle Programmierung auf einem der Maschinensteuerung ähnlichen Rechner verstanden.

2.3.4.4 Automatisierung der NC-Programmierung

Maschinelle Programmiermethoden für die Programmierung von Meßgeräten können, wie in Bild 27 dargestellt, klassifiziert werden. Andere Klassifizierungsmöglichkeiten nach dem Ort der Programmierung oder nach dem angewandten Meßverfahren, analog zu den aus der NC-Programmierung für Bearbeitungsmaschine bekannten Klassen, stellen hier die Ausnahme dar [53][77][78][79][83].

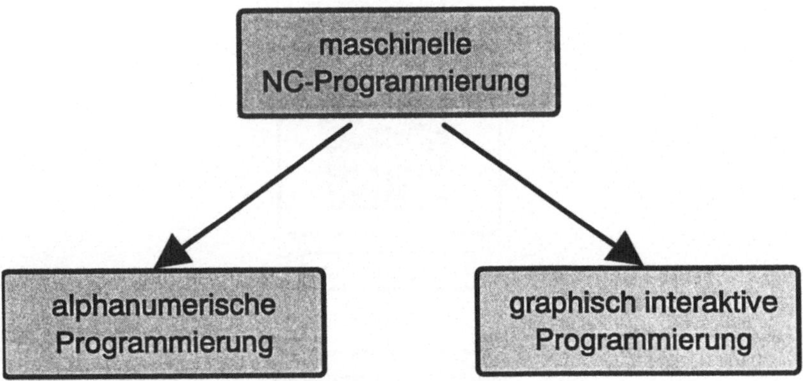

Bild 27: Grobklassifizierung von Programmiersystemen

Bei der manuellen, alphanumerischen Programmierung von NC-Bearbeitungs-programmen beträgt der Zeitanteil aufgrund des Eindenkens in die Zeichnungen etwa 20% der gesamten Programmerstellungszeit [79]. Ein ähnlicher Aufwand liegt nach Untersuchungen in Unternehmen beim Erstellen der NC-Programme für Meßmaschinen vor, da auch hier zunächst die dreidimensionale Vorstellung vom Werkstück aufgrund zweidimensionaler Zeichnungen erzeugt werden muß [53][79]. Erhebliche Probleme entstehen bei dieser Programmiermethode durch den hohen Abstraktionsgrad. Der Programmierer kann nicht ohne weiteres Kollisionen zwischen Bauteil und Meßgerät vorhersehen und entsprechende Verfahrwege vorausplanen. Ein Beispiel hierfür ist die NC-Programmierung für Koordinatenmeßgeräte. Die Tasterkonfigurationen können sehr komplex und umfangreich sein. Geringe Abstände zwischen Geometrie und Taster führen zu Schaftantastungen und damit Fehlmessungen.

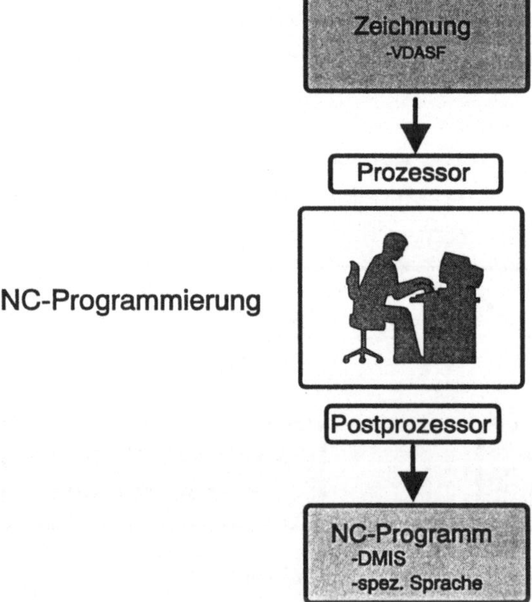

Bild 28:   Schnittstellen der NC-Programmierung

Graphisch interaktive Programmierverfahren bieten den Vorteil, daß der Programmierer das Werkstück zur Überprüfung seiner Vorgehensweise auf dem Bildschirm sehen kann. Häufig werden dazu Systeme auf der Basis eines 3D-CAD-Systems benutzt. In Bild 28 sind die Schnittstellen eines solchen Programmiersystems dargestellt. Für die Übernahme der Graphikdaten werden Schnittstellenstandards wie VDAFS oder IGES benutzt [80][81]. Auf die Schnittstelle zur Datenausgabe an die Meßgeräte wird später eingegangen.

CAD-Anbieter erweitern ihre Systeme um Module zur Programmierung von Meßeinrichtungen analog zu den NC-Programmiermodulen von Werkzeugmaschinenherstellern [5]. Der Prüfplaner kann mit solchen Programmiersystemen, beginnend mit der Ausrichtung des Werkstücks und der Konfiguration der Meßmaschine z.B. durch den Zusammenbau von Tastern bis zur Antaststrategie [82], das vollständige Meßprogramm erstellen. Einige Systeme bieten die Möglichkeit, das Meßprogramm nach der interaktiven Eingabe rechnerisch zu simulieren und im Kollisionsfall durch alphanumerisches Editieren zu korrigieren. Die Geometrie des Meßgerätes, der Meßhilfsmittel und des Werkstücks muß dabei möglichst exakt abgebildet sein. Lange Rechenzeiten führen allerdings zu unhandlicher Bedienung [83][84]. Nachteilig ist jedoch, daß in den meisten Fällen zur vollen Ausschöpfung der Funktionalität des Programmiersystems das Datenmodell des Werkstücks im gleichen CAD-System erstellt werden muß, in dem auch programmiert und simuliert wird [66][83][85][86][87][88][89].

Die Standardisierung und damit Geräteneutralität der Schnittstellensprache zwischen Programmiersystem und Meßgerät ist noch nicht so weit fortgeschritten wie bei NC-Bearbeitungsmaschinen. Ansätze zur geräteneutralen Meßprogrammiersprache sind seit vielen Jahren bekannt. Der EXAPT-Verein, Aachen hat mit der N.C.M.E.S.-Syntax und der CMMA-Verband mit der NDF-Syntax versucht, einen Standard zu generieren. Der vom amerikanischen CAM-I-Verband auf der Basis der Programmiersprache APT, die für NC-Bearbeitungsmaschinen eingesetzt wird, entwickelte Standard DMIS (Bild 29) [91] gewinnt demgegenüber immer mehr an Bedeutung [89][90]. Auch der

CMMA hat sich inzwischen auf diesen Standard festgelegt. Ein Hauptvorteil des Schnittstellenstandards liegt in der Neutralität des bidirektionalen Informationsflusses. Nicht nur das Meßprogramm wird standardisiert an die Maschine gebracht, sondern auch das Meßergebnis wird in einer standardisierten Form zurückgeführt. DMIS hat hinsichtlich anzuwendender Sensoren keine Beschränkung auf bestimmte Systeme. Zusammen mit der Herstellerneutralität bezüglich des Meßsystems ist somit davon auszugehen, daß DMIS sich zur bevorzugten Programmiersprache vor allem für NC-KMG entwickelt [84][85][89].

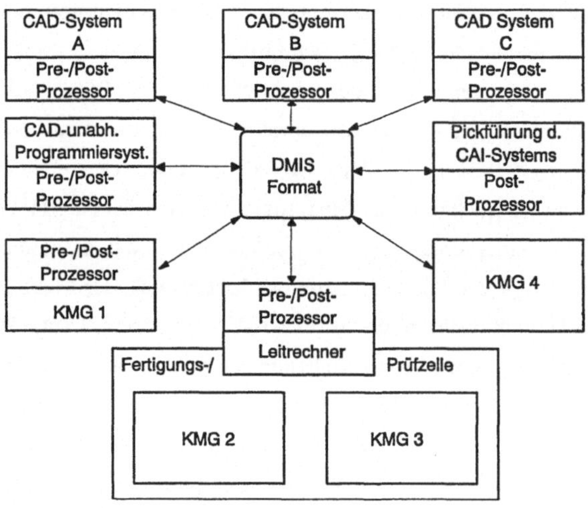

Bild 29:   DMIS Schnittstellen nach [91]

2.3.5   Bewertung des Ist-Zustandes in der Prüfplanung

Zur Bewertung des Ist-Zustandes bei den Tätigkeiten und Hilfsmitteln für die Prüfplanung soll die Eignung der in den vorangegangenen Abschnitten geschilderten Vorgehensweisen hinsichtlich deren Einsatz für die Prüfplanung in FFS überprüft werden [5]. Die Zielsetzung der lokalen Optimierung der

Vorgänge und Hilfsmittel im Fertigungsvorfeld tritt dabei zugunsten der Frage nach der Durchgängigkeit der Systematik in den Hintergrund.

Der automatisierte Betrieb von Fertigungssystemen setzt eine genaue und detaillierte Planung der Abläufe voraus. Dies gilt auch für die Prüfvorgänge in solchen Systemen. Die beschriebenen Vorgehensweisen sind vom Prinzip her für eine ausreichende Planung der Prüfvorgänge ausreichend. Automatisierte Systeme benötigen werkstückspezifische Ausführungsvorschriften mit den für die Abarbeitung der Aufgaben erforderlichen Daten. Die beschriebenen Abläufe und Funktionen im Fertigungsvorfeld sind für den Betrieb automatischer Fertigungssysteme weder von der Art der generierten Informationen noch von der Vollständigkeit ausreichend.

Bei der Erstellung der Prüfpläne fehlen Methoden für eine unter dem Gesichtspunkt der rationellen Abarbeitung getroffene Optimierung der Zuordnung der Prüfungen auf die einzelnen Prüfmittel.

Hinsichtlich der Vorbereitung von Prüfungen auf NC-gesteuerten Meßgeräten ist die NC-Programmierunterstützung heute bestenfalls auf der Basis von einfachen CAD gestützten Programmen realisiert. Solche Programmsysteme bieten hinsichtlich der Überprüfung des NC-Programms auf Kollisionen, Voll-ständigkeit und Zugänglichkeit, auch unter Einbeziehung der Spannvor-richtungen, nur unzulängliche Möglichkeiten.

Schließlich sollte, im Hinblick auf die Optimierung der Auftragsdurchlaufzeit, auch noch auf die derzeit übliche iterative und durch Doppelarbeit geprägte Vorgehensweise bei der Durchführung der Prüfplanung hingewiesen werden. Dies liegt vor allem daran, daß, obwohl die einzelnen Methoden und Verfahren zur Prüfplanung zum Teil hochentwickelt sind, deren in der organisatorischen und technischen Integration der einzelnen Funktionen liegendes Potential noch weitgehend ungenutzt bleibt. [5][53][56].

2.4 Hemmnisse für eine durchgängige Systematik zum Prüfen

Die in den Abschnitten 2.2.3 und 2.4 vorgenommenen Bewertungen beziehen sich im wesentlichen auf die Betrachtung der Teilsysteme Prüfplanung in der Arbeitsvorbereitung und Prüfsystem in der Fertigung. Dargestellt werden die aus der Abhängigkeit der beiden Systeme resultierenden Hemmnisse für eine effiziente Abwicklung.

Verlegt man den Betrachtungsstandpunkt zunächst auf die Werkstatt, so kann festgehalten werden, daß in Unternehmen häufig keine individualisierten Prüfpläne erstellt werden, sondern Standardprüfpläne verwendet werden, die einzelne Vorgänge nicht aufschlüsseln. Damit ist zwar an den Prüfer formal eine Prüfanweisung ergangen, die Prüfplanung im Detail muß aber noch vollzogen werden. Dem Prüfer obliegt damit die Verantwortung für die Vollständigkeit und Richtigkeit seiner Arbeit. Besonders kritisch ist dies, wenn das zu prüfende Werkstück so in den Prüfbereich eingesteuert wird, daß eine Vorbereitungzeit sich negativ auf die Gesamtprüfzeit und damit die Auftragsdurchlaufzeit des Teiles auswirkt. Dieser Fall kann als typisch angesehen werden, da ohne exakte Prüfplanung auch keine entsprechende Steuerung vorgenommen werden kann.

In automatisierten Systemen stellen zeitlich nicht planbare Vorgänge, wie das Prüfen ohne Prüfplan und -vorbereitung, ein erhebliches Problem für die Fertigungssteuerung dar, da die Berechnung der Belegungzeiten der einzelnen Maschinen nicht mehr planbar ist. Die Folge ist eine schlechte Nutzung der Resourcen durch Stillstandzeiten, sowohl bei den Bearbeitungsmaschinen als auch bei den Prüfmaschinen, die unter dem Gesichtspunkt der Verbesserung der organisatorischen Verfügbarkeit des Fertigungssystems nicht hingenommen werden dürfen.

Von seiten des Fertigungsvorfeldes betrachtet sind unvollständig geplante Prüfungen unter dem Aspekt der gezielten qualitätsbezogenen Auswertung von geringem Wert, da die Grundlage des Prüfergebnisses unsicher ist. Außerdem sind sie nicht steuerbar, was zu uneffizienten Prüfumfängen und überflüssigem Dokumentationsaufwand führt, wenn nur einzelne Merkmale von Belang sind.

3 Anforderungen an eine Systematik zum Prüfen in FFS

3.1 Zeit und Qualitätsgewinn durch automatisiertes flexibles Prüfen

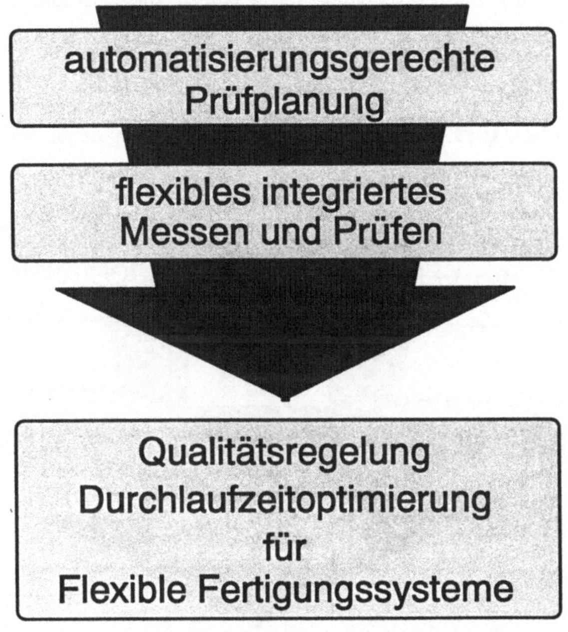

Bild 30: Anforderungen und Ziele für die Systematik zum Prüfen

Die Situationsanalyse hat gezeigt, daß für die Qualitätssicherung in FFS die Durchgängigkeit und Integration der Strukturen sowohl im Fertigungsvorfeld als auch in der Fertigung als mangelhaft bezeichnet werden muß. Hemmnisse bilden hier die hohe Arbeitsteiligkeit und iterative Vorgehensweisen. Bereichsübergreifend betrachtet ist die Anpassung der Systemteile aneinander nicht abgestimmt. Dies betrifft sowohl die Schnittstellen als auch die Aufteilung der Aufgaben. Diese Hemmnisse stellen das Funktionieren von Qualitätsregelkreisen mit bereichsübergreifender Wirkung in Frage.

Auf der Basis der Situationsanalyse werden im folgenden die an die Systematik für das Prüfen in FFS zu stellenden Anforderungen formuliert. Anhand dieses Anforderungskatalogs wird dann das Systemkonzept für den Aufbau eines integrierten Prüfsystems aufgestellt. Im zweiten Abschnitt werden schließlich die Anforderungen an die Prüfplanung festgehalten., die wiederum auf die zu entwerfende ganzheitliche und durchgängige Systematik für das Prüfen führen.

3.1.1   Aufbau und Einbindung eines Prüfsystems in ein FFS

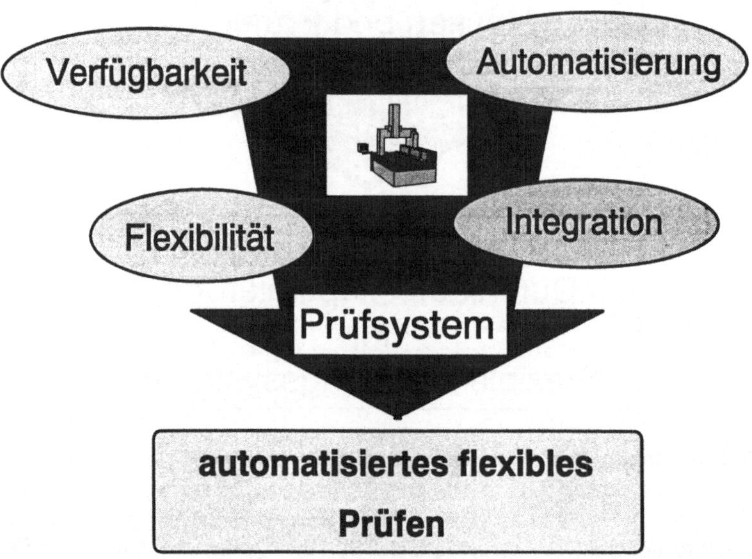

Bild 31: Anforderungen an das Prüfsystem

Die hier zusammengestellten Anforderungen an das Prüfsystem legen dieses hinsichtlich der technischen Ausprägung, der inneren Struktur und der äußeren

Schnittstellen fest. Insgesamt zielen diese Anforderungen auf an Fertigungsumgebung angepaßte Integrations-, Flexibilitäts-, Verfügbarkeits- und Automatisierungsgrade ab.

Das Prüfsystem besteht aus integrierten Prüffunktionen und Prüfzellen. Den Kern einer Prüfzelle bildet ein Meß- oder Prüfgerät, um das die peripheren Komponenten der Zelle konfiguriert werden. Betrachtet werden hier nur Meß- und Prüfmittel, die die Forderung nach Automatisierbarkeit und Integrierbarkeit in Werkstattumgebung und -betrieb zulassen.

Ein wesentliches Kennzeichen Flexibler Fertigungssysteme ist der ungerichtete und automatisierte Materialfluß. Für die Systemgrenze der Zelle besteht damit die Anforderung der Zugänglichkeit durch das systemeigene Fördermittel. Dabei ist ein Materialumsatz im Bereich Betriebsmittel, wie beispielsweise Spannvorrichtungen oder Meßgerätekomponenten und Werkstücke zu realisieren. Innerhalb der Zelle müssen Handhabungsvorgänge für das Rüsten der Spannvorrichtungen, das Speichern und Bereitstellen der Meßgerätekomponenten und das Speichern und Aufspannen von Werkstücken durchgeführt werden, die ebenfalls technisch und wirtschaftlich sinnvoll automatisiert werden müssen.

Hinsichtlich der Flexibilität der Prüfmittel im Prüfsystem ist zuerst eine Teile- und Rüstflexibilität zu fordern, da definitionsgemäß in FFS ein, wenn auch begrenztes, Spektrum verschiedener Werkstücke gefertigt werden muß. Das heißt, daß zum einen verschiedene Teile auf dem Meßgerät aufgespannt werden können und zum anderen, daß diese Teile auch individuell auftragsgemäß geprüft werden können. Dabei darf allerdings der Aufwand für die Automatisierung von Vorgängen ein wirtschaftliches Maß nicht überschreiten. Der notwendige Automatisierungsgrad ist an der Fertigungsumgebung zu messen.

Der Aspekt der Automatisierung des Meßgerätes hinsichtlich der Steuerung und des Ablaufes eines auftragsspezifischen Meß- und Auswertevorganges stellt ebenfalls eine wichtige Forderung mit Einfluß auf die Flexibilität dar.

An die Zellensteuerung sind hinsichtlich der Flexibilität die gleichen Anforderungen zu stellen, wie an die ausführenden Komponenten. Nach außen muß die Zellensteuerung eine Schnittstelle zur Werkstattsteuerung besitzen, über die zur Prüfung notwendige Daten in beide Richtungen ausgetauscht werden können. Zellenintern muß die Struktur und Vernetzung der Steuerungen die Duchsetzung der Prüfaufträge ermöglichen. Für die zu steuernden Komponenten der Zelle (Meßgerät, Handhabungsgeräte) müssen entsprechende Schnittstellen zur Ansteuerung zur Verfügung stehen und Standards bezüglich der Befehlssätze und Formate eingehalten werden.

Die Prüfzelle ist so zu gestalten und auszulegen, daß sie mit den in der Prüfplanung erzeugten Prüfplänen, NC-Programmen und sonstigen Fertigungsunterlagen die Prüfung der Werkstücke automatisch durchführen kann.

3.1.2   Systematische Prüfvorbereitung zum automatisierten Prüfen

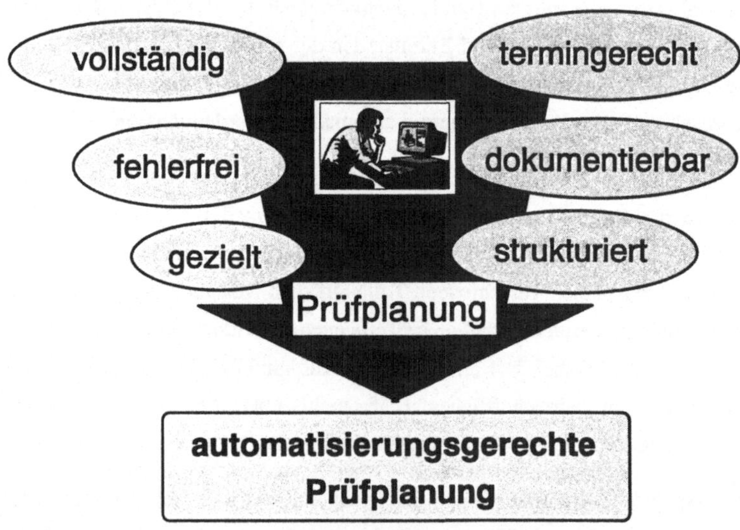

Bild 32: Anforderungen an die Prüfplanung

In FFS werden sowohl manuelle als auch automatisierte Prüfplätze betrieben. Die im folgenden aufgestellten Forderungen betreffen vornehmlich die automatisierten Prüfplätze, da sie an die Prüfvorbereitung, sowohl von den notwendigen Funktionen als auch von der Detaillierung, weitergehende Anforderungen stellen.

Die erste Forderung an das System Arbeitsvorbereitung ist daher, die Vollständigkeit der Fertigungsunterlagen sicherzustellen. Das bedeutet, daß nicht nur die Liste der Prüfanweisungen vollständig erstellt werden muß, sondern auch, daß die Vorbereitung bis hin zur NC-Programmerstellung für die Prüf- und die Handhabungsgeräte durchgeführt werden muß.

Neben der Vollständigkeit der Fertigungsunterlagen wird, mit dem Ziel der Störungsverhinderung, auf die Qualität der erzeugten Unterlagen und speziell der NC-Meßprogramme großer Wert gelegt.

Um einen steuerbaren, nach dem Kriterium der Auftragsdurchlaufzeit optimalen Ablauf der Prüfungen und damit der Fertigung zu gewährleisten, ist die Erstellung der Prüfunterlagen unmittelbar im Zusammenhang mit der Erstellung der Arbeitsunterlagen vorzunehmen und zu beenden.

Es müssen Werkzeuge für die Prüfvorbereitung entwickelt werden, die die Planung und vorherige Simulation der Prüf- und der Handhabungsvorgänge in der Zelle ermöglichen, um die Verfügbarkeit nicht durch Planungsfehler zu beeinträchtigen.

Die Struktur des Prüfplanes muß so angelegt sein, daß die Meß- und Prüfergebnisse auf ihre Plausibilität geprüft werden können und die Ergbnisse sinnvoll dokumentierbar sind. Weiterhin ist die Struktur hinsichtlich der Abfolge der Prüfungen auf die Ausschöpfung der Leistungsfähigkeit der Prüfmittel auszulegen.

4   Konzeption und Entwurf der Systematik zum Prüfen in FFS

4.1   Konzeptübersicht

Die zu konzipierende Systematik zum Prüfen in FFS wirkt bereichsübergreifend und umfaßt sowohl den operativen Bereich des FFS als auch das Fertigungsvor-

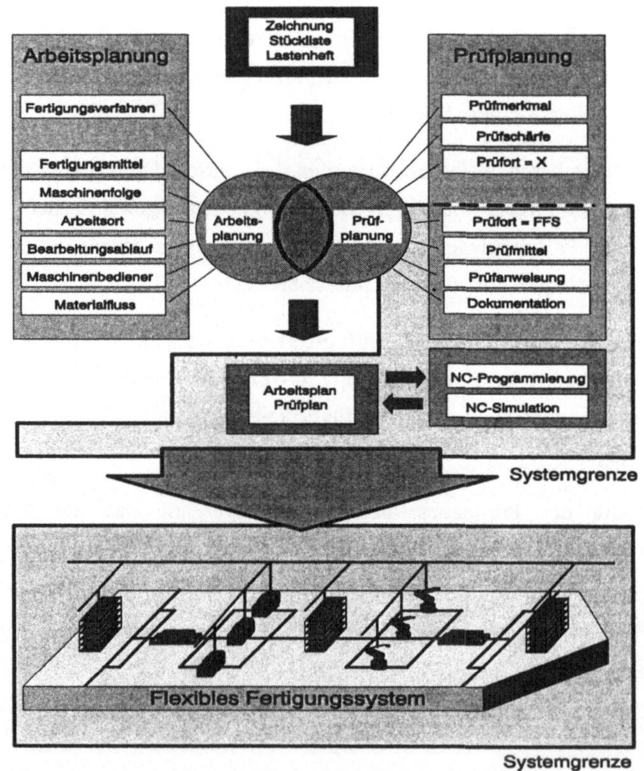

Bild 33:   Grenzen der zu konzipierenden Systematik im Fertigungsvorfeld und in der Fertigung in Anlehnung an [92]

feld. Ziel ist es, darzulegen, welche Strukturen aufgebaut und welche Methoden angewandt werden sollen, damit durch Einbindung flexibel automatisierter Meß- und Prüffunktionen unmittelbar in FFS sowie durch spezifische Prüfvorbereitung für diese Prüffunktionen ein integriertes durchlaufzeitoptimales Prüfen ermöglicht wird.

Anhand der in Bild 33 dargestellten Elemente und Funktionen der Subsysteme Fertigungsvorfeld und Fertigung soll hier zunächst die Systemgrenze abgesteckt werden.

Auf der Fertigungsebene wird ein Konzept zur vollständigen Integration eines Prüfsystems in ein FFS, basierend auf den in Kapitel 3 aufgestellten Anforderungen, entwickelt. Aufbau und Integration der einzelnen Prüffunktionen werden organisatorisch und technisch hinsichtlich des Materialflusses wie des Informationsflusses dargestellt.

Im Fertigungsvorfeld wird der Bereich der Prüfplanung betrachtet. Das Augenmerk liegt dabei weniger auf der Ermittlung und Bewertung der Prüfmerkmale, sondern auf den Funktionen, die Voraussetzung für eine gezielte Vorbereitung von Prüfvorgängen am Prüfort "Prüfzelle des Flexiblen Fertigungssystems" sind.

4.1.1   Geltungsbereich des Prüfsystems im FFS

Das hier vorgestellte Konzept dient zur Konfigurierung eines Prüfsystems für FFS aus den für die erfolgreiche Bearbeitung des gefertigten Teilespektrums notwendigen Prüffunktionen. Anschließend wird ein Konzept zum Aufbau flexibel automatisierter Prüffunktionen und zu deren Integration in FFS entwickelt. Für die übrigen Prüfaufgaben kommen hybride, also mit Handarbeitsplätzen versehene Zellen, oder auch die vollständige Ausschleusung des Werkstücks aus dem FFS in einen Meßraum in Frage. Diese Vorgänge können mit konventionellen Planungsmethoden vollständig erfaßt werden.

Zur Einbindung der Prüffunktionen in das Informationssystem dient ein vorhandenes CAM-Steuerungssystem bestehend aus Zellenrechnern. Der

Zellenrechner ist unmittelbar mit der Produktionssteuerung vernetzt und empfängt von dieser die Prüfaufträge.

4.1.2   Geltungsbereich der Prüfplanungsfunktionen

Mit der Erstellung des Prüfplanes auf der Basis der Fertigungsunterlagen Arbeitsplan und Zeichnung beginnt die Prüfplanungstätigkeit. Da die Erstellung der Liste der zu prüfenden Merkmale keine für das automatisierte Prüfen spezifischen Anforderungen bezüglich des Inhalts stellt, wird die Prüfplanerstellung nur knapp, im wesentlichen auf die Struktur des Prüfplans ausgerichtet, dargestellt.

Im Anschluß daran wird die NC-Programmierung und -Simulation mit integrierter Vorrichtungsplanung für die automatisierten Prüfmittel vorgenommen. Arbeitsplan, Prüfplan und NC-Programme bilden die vollständigen Fertigungsunterlagen für die im Flexiblen Fertigungssystem abzuwickelnden Aufgaben. Sie werden dem Werkstattsteuerungssystem zur Verfügung gestellt, wobei die Produktionsplanung und Werkstattsteuerung nicht mehr zum Betrachtungsumfang des Systems gehören.

4.2   Konzeption des Prüfsystems für FFS

Den ersten Schritt bei der Konzeption eines Prüfsystems für ein FFS stellt die die Festlegung der Prüfmittel auf der Basis der zu erfüllenden Prüfaufgaben dar. Anschließend werden die Prüffunktionen, d.h. die ausführenden Prüfmittel und deren Anordnung im FFS konzipiert. Im letzten Schritt werden die Peripherie und Hilfsfunktionen für die Prüffunktionen ermittelt.

4.2.1   Auswahl der Prüfmittel mittels Teilespektrumsanalyse

Zur Konfiguration des Prüfsystems ist ein vollständiger Überblick über das im FFS zu fertigende Werkstückspektrum notwendig. Um unabhängig von Anzahl und Verschiedenheit der Werkstücke ein abstraktes Maß für die geeigneten Prüfmittel zu erhalten, werden die Werkstücke bezüglich des Prüfaufwandes klassifiziert.

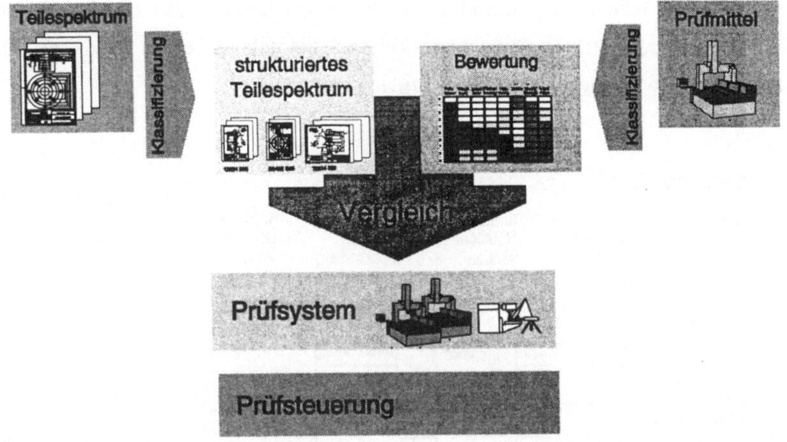

Bild 34: Vorgehensweise zur Bestimmung der Prüfsystemkonfiguration

Mit der Klassifizierung von Werkstücken wird ein abstraktes zeichnungsunabhängiges Maß für eine bestimmte Eigenschaftsklasse eines Werkstücks geschaffen. In diesem Fall soll der technologische und zeitliche Aufwand, den ein Werkstück hinsichtlich der Prüfung seiner Qualitätsmerkmale erzeugt, abgeschätzt werden. Ergebnis der Klassifizierung ist ein Zifferncode, dessen einzelne Spalten Aussagen über die Spezifikation des notwendigen Prüfmittels und damit über den technologischen Prüfaufwand zulassen. Verschlüsselt man auf gleiche Weise die verfügbaren Prüfgeräte, kann man durch Vergleich der Daten geeignete Prüfgeräte auswählen [93].

4.2.1.1 Formorientiertes Teileklassifizierungssystem

Kunerth und Werner [94] fanden bei einer Untersuchung rund 40 verschiedene angewandte form- bzw fertigungsorientierte Klassifizierungsschlüssel. Unter diesen befand sich auch das von Opitz [95][96] entwickelte formorientierte

Klassifizierungsystem für die Charakterisierung von Fertigungsaufgaben in der spanenden Fertigung.

In Bild 35 ist das Aufbauschema des Klassifizierungsschlüssels für das Prüfen dargestellt. Es handelt sich um einen modifizierten fünfstelligen Formschlüssel auf der Grundlage des von Opitz entwickelten Schlüssels und einen spezifisch für das Prüfen entwickelten dreistelligen Ergänzungsschlüssel.

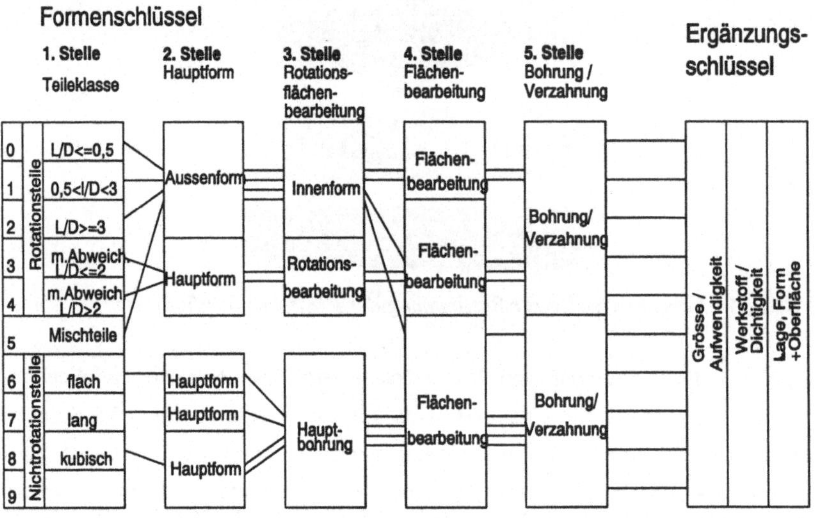

Bild 35: Aufbau des Klassifizierungssystems in Anlehnung an [95]

Der Formenschlüssel unterscheidet in der ersten Spalte nach der Teileklasse. Grob unterschieden wird zwischen Rotations- und Nichtrotationsteilen. In der zweiten Spalte wird die prägende Außenform charakterisiert. Abhängig davon, ob es sich im Fall der Rotationsteile eher um ein Wellen- oder ein Scheibenteil handelt, wird die zweite Schlüsselspalte unterschiedlich aufgebaut. Zusammen mit der Rotationsflächenbearbeitung, die in der dritten Schlüsselspalte klassifiziert wird, kann eine Aussage über die Anzahl der Freiheitsgrade getroffen werden, die das Meßgerät besitzen muß. An vierter und fünfter Stelle sind die einzelnen Geometrieelemente speziell charakterisiert, was eine Aussage über die Meßgerätetechnologie erlaubt.

Der prüftechnologische Ergänzungsschlüssel klassifiziert in seiner ersten Stelle das Werkstückvolumen und damit den Arbeitsraum des Meßgerätes. Die Klassen werden an das im FFS gefertigte Teilespektrum angepaßt. Nichtgeometrische Prüfungen wie die Oberflächenhärte, aber auch Sonderprüfungen wie die Dichtigkeit sind in der zweiten Spalte angeordnet. In der dritten Spalte stehen im Hinblick auf die Auswertung komplexe Prüfungen.

Zwei Prinzipien gelten für den Aufbau des Schlüssels: Erstens steigt der Aufwand, der für das Prüfen getrieben werden muß, mit der Ziffer in der Spalte. Beispielsweise ist ein prismatisches Bauteil aufwendiger zu prüfen als ein scheibenförmiges, weitgehend zweidimensional zu betrachtendes Rundteil (siehe 1. Schlüsselspalte). Der Inhalt der jeweils weiter rechts stehenden Spalte hängt von der vorhergehenden ab. Auf diese Weise können die Kriterien genauer angepaßt werden, ohne den Schlüssel unübersichtlicher zu gestalten.

Formschlüssel für die Teileklasse 8

Teileklasse		Hauptform		Hauptbohrung, Rotationsflächenbearb.		Flächenbearbeitung		Hilfsbohrungen und Verzahnungen	
0	Rotationsteile	0	angenäherte Quader	0	ohne Merkmale	0	ohne Flächenbearbeitung	0	ohne folgende Merkmale
1		1	winkelförmige Teile	1	eine Hauptbohrung glatt	1	Anfasungen (Schweissnähte)	1	Bohrungen in eine Richtung
2		2	zusammengesetzte Quader	2	eine Hauptbohrung einseitig	2	eine ebene Fläche	2	Bohrungen in zwei Richtungen
3		3	Teile mit Aufspannfläche	3	Hauptbohrung m. Formelementen	3	eben abgesetzte Flächen	3	Bohrungen in m. Richtungen
4		4	Teile mit Teilungsfläche	4	mehrere Hauptbohrungen	4	eben abgesetzte Flächen, schräg u. senkrecht	4	
5		5	sonstige	5	mehrere Hauptbohrungen, mehrere Richtungen	5	Nut und Schlitz	5	
6	Nichtrotationsteile	6	angenäherte Quader	6	eine Hauptbohrung	6	ebene o. eben abges. Flächen	6	
7		7	beliebige Formen	7	mehr. Hauptbohrungen	7	Innenflächenbearbeitungen	7	
8	Kubisch A/B<=3, A/C<4	8	entfällt	8	Ringflächen-Ringnutbearbeitung	8	Funktionsflächen Führungsflächen	8	
9		9	entfällt	9	sonstige	9	sonstige	9	sonstige

Ergänzungsschlüssel Prüfen

Grösse/ Aufwendigkeit		Werkstoff +Dichtigkeit		Lage, Form +Oberfläche	
0	Größenkl. 1 einfach	0	keine	0	keine
1	Größenkl. 1 aufwendig	1	Werkstoffprüfung	1	Lage + Form: geringe Anf.
2	Größenkl. 2 einfach	2	Dichtigkeitsprüfung	2	entfällt
3	Größenkl. 2 aufwendig	3	+Dichtigkeit	3	1 + Oberfläche
4	Größenkl. 3 einfach	4	Sichtprüfung	4	Lage + Form: geringe Anf.
5	Größenkl. 3 aufwendig	5	3+4	5	5 + Oberfläche
6	Größenkl. 4 einfach	6		6	
7	Größenkl. 4 aufwendig	7		7	
8	Größenkl. 5 einfach	8		8	
9	Größenkl. 5 aufwendig	9		9	

Bild 36: Form- und Ergänzungsschlüssel am Beispiel der Teileklasse 8

Der bereits vorgestellte Formschlüssel berücksichtigt diesen Zusammenhang. Bild 36 zeigt die Struktur des Form- und Ergänzungsschlüssels für die Teileklasse 8. Es handelt sich um nichtrotationssymmetrische, kubische Teile sowie Sondergeometrien. Teileklasse 6 und 7 behandeln flächige Teile. In der zweiten Schlüsselstelle wird die Hauptform (prägende Außenform) klassifiziert. Der Aufwand für das Prüfen bzw. die Anforderung an das Prüfmittel steigt mit der Zunahme der Anzahl der Geometrieelemente und deren Ausrichtung. Wie aus Bild 36 erkennbar, folgt die Einordnung der Innenform und die Detaillierung der Geometrieelemente.

Mit der Anwendung der vorgestellten Klassifizierungsmethode auf das Teilespektrum wird ein abstraktes Maß für Prüfmittel und -aufwand geschaffen. Die Betrachtung der Gesamtheit aller Teileschlüssel ermöglicht die Konfiguration des Prüfsystems.

4.2.1.2   Klassifizierung der Prüfmittel

Um gemäß Bild 34 mittels des Klassifizierungsschlüssels die für das FFS notwendigen Prüfmittel auswählen zu können, müssen diese ebenfalls klassifiziert werden. Dazu wird die Eignung der verfügbaren Meßgeräte für die Messung der Geometrieelemente der verschiedenen Teileklassen für jede einzelne Zelle des Klassifizierungssystems ermittelt. Kriterien für die Eignung sind dabei die meßtechnische Eignung, der Arbeitsraum, die Kinematik, die Zugänglichkeit und die Meßunsicherheit des Meßgerätes.

In Bild 37 ist eine solche Eignungstabelle für ein Koordinatenmeßgerät mit drei CNC-gesteuerten Achsen dargestellt. Ein Koordinatenmeßgerät ist demnach für alle Messungen von Formelementen der Teileklasse 0, die nicht schwarz markiert sind, geeignet. Die verschiedenen Graustufen zeigen unterschiedliche Eignungstufen an. Die graue Einfärbung bedeutet, daß die Geräteleistung nicht vollständig ausgeschöpft wird. Dies ist beispielsweise der Fall, wenn das Werkstück deutlich kleiner als der Arbeitsraum der Maschine ist oder die geforderten Toleranzen sehr viel gröber sind als die Meßunsicherheit. Bei der Messung von rotationssymmetrischen Werkstücken auf einem 3-Achsen Koordinatenmeßgerät ohne vierte Rundtischachse führt aber auch der aus dem Bau komplizierter Taster und der Erstellung aufwendiger Programme erwachsende Mehraufwand zur Abwertung der Eignung.

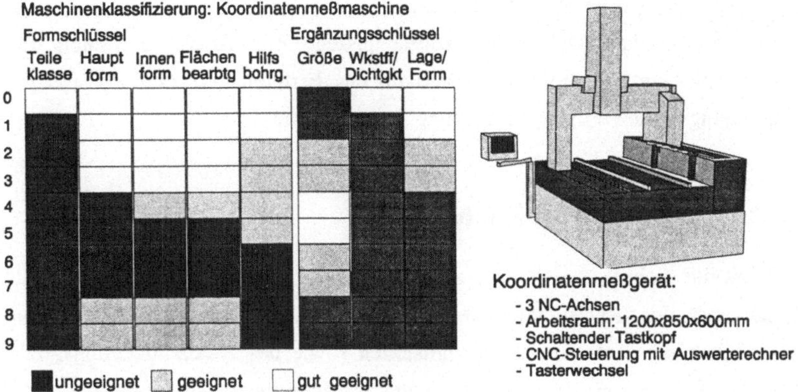

Bild 37: Eignungskennfeld eines Koordinatenmeßgerätes für die Teileklasse 0

4.2.1.3 Auswahl der Prüfmittel durch Mustervergleich

Zur Auswahl der Prüfmittel vergleicht man die durch Klassifizierung strukturierte Menge an Werkstücken mit den nach Abschnitt 4.2.1.2 aufbereiteten Prüfmitteldaten. Jedem Prüfmittel wird auf diese Weise eine Gruppe von Werkstücken zugeordnet, die zu prüfen es geeignet wäre. Abhängig vom Mengengerüst und von der geforderten Flexibilität des Prüfsystems sowie den zulässigen Kosten werden die Prüfmittel so ausgewählt, daß alle im Teilespektrum vorkommenden Prüfungen ausgeführt werden können.

Auf der Basis der gebildeten Werkstückgruppen werden nach den Kriterien Auslastung, Redundanz und Wirtschaftlichkeit die für das Prüfsystem notwendigen Prüfmittel ausgewählt. Für eine Optimierung sind dann entsprechende Abschätzungen der Auftragsdaten notwendig.

Die Auswahl der Prüfmittel sowohl hinsichtlich der Klassifizierung als auch hinsichtlich der kapazitiven Optimierung kann mit rechnergestützten Hilfsmitteln erfolgen [93].

Mit diesem Schritt ist die Auswahl der Prüfmittel unter dem Gesichtspunkt der auftragsspezifischen Prüfvorgänge abgeschlossen. Offen ist die Anordnung und Automatisierung der Prüfmittel innerhalb des Fertigungssystems sowie deren Einbindung in die Fertigungsumgebung.

4.2.2   Konzeption der Prüffunktionen

Der zweite Schritt zur Konfigurierung eines Prüfsystems für FFS ist die Festlegung der Anordnung der Prüffunktionen und deren Spezifizierung hinsichtlich des Aufbaus, der Schnittstellen sowie des Automatisierungsgrads. Mit der Bestimmung der Anordnung der Prüffunktionen wird das Prüfsystem innerhalb des FFS festgelegt. Die Bestimmung der Struktur und des Aufbaus der einzelnen Prüffunktion stellt den letzten Schritt beim Prüfsystemaufbau dar.

4.2.2.1   Anordnung der Prüfmittel

Die Klassifizierung der Meß- und Prüfprozesse nach dem Prüfort (Bild 38) ist die Grundlage für die Anordnung der Prüffunktionen innerhalb des FFS. Abhängig von den jeweils zu erfüllenden Prüfaufgaben, der geforderten Reaktionszeit oder Meßgenauigkeit, sind grundsätzlich drei verschiedene Anordnungen möglich. Die den Bearbeitungsprozeß intermittierenden Messungen finden innerhalb der Werkzeugmaschine statt. Hierbei wird das interne Lageregelsystem und die Maschinensteuerung zur Meßwerterfassung und -aufbereitung genutzt.

Bei den Postprozeßmeßverfahren unterscheidet man in FFS zwischen denjenigen, die in andere bestehende Funktionen wie den Materialfluß integriert sind und denen, die in einer eigenständigen Zelle installiert sind.

Um die Anordnung der Prüffunktionen zu bestimmen, müssen zunächst die verschiedenen Meß- und Prüfstrategien, die in dem Prüfsystem realisiert werden sollen, zusammengestellt werden. Unter der Meß- und Prüfstrategie wird, wie in Abschnitt 2.2.2.1 bereits erläutert, die Häufigkeit und der Umfang der Prüfungen pro Los verstanden. Eine für kleine Lose typische Prüfstartegie ist beispielsweise das Erstteil des Loses vollständig und dann in regelmäßigen Abständen stichprobenweise zu prüfen. Das Letztteil wird dann wieder vollständig geprüft. Für eine Erstteilprüfung kommt ein Meßverfahren, das die selben Maßverkörperungen verwendet wie die Bearbeitungsprogrammsteuerung, nicht in Frage. Andere Kriterien sind die Reaktionszeit, der technische Aufwand und die geforderte Auswertung. Die Kritereien werden individuell für das jeweilige Fertigungssystem festgelegt.

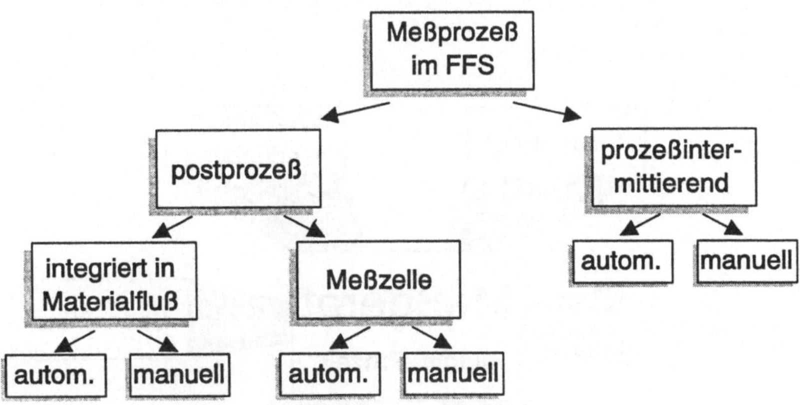

Bild 38: Klassifizierung des Meßprozesses nach dem Prüfort innerhalb des FFS

Nach der Bestimmung der Prüffunktion hinsichtlich des Prüfmethode und des Prüfortes wird im folgenden die Konfiguration der Hilfsfunktionen des einzelnen Meßprozesses vorgenommen.

4.2.2.2 Auswahl der Hilfsfunktionen und Automatisierung

Eine gemäß den in den vorangegangenen Abschnitten konzipierte Prüffunktion muß noch bezüglich der inneren Struktur und der notwendigen Funktionalitäten festgelegt werden. Bild 39 stellt die Funktionen dar, die in eine automatisierte Prüffunktion integriert werden können.

Im Hinblick auf einen automatisierten Materialfluß sind Funktionen für die Werkstückhandhabung und das Aufspannen der zu vermessenden Werkstücke notwendig, die aufgrund der Teileflexibilität rüstbar sein müssen.

Abhängig von der Meßgeräteart, der spezifisch geforderten Flexibilität und dem Automatisierungsgrad stellt die Betriebsmittellogistik eine wesentliche Funktion dar. Neben der Bereitstellung der Betriebsmittel wie Meßtaster oder Objektive ist deren Speicherung und Überwachung bis hin zur Kalibrierung Aufgabe dieser Funktion.

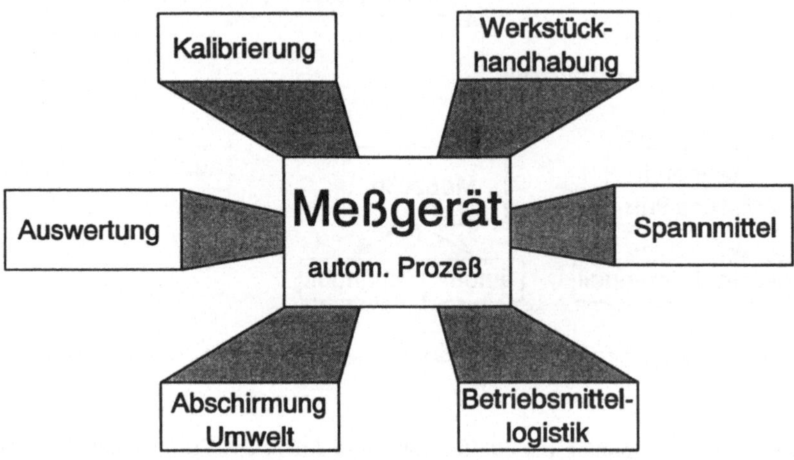

Bild 39:   Hilfsfunktionen zur Einbindung und Automatisierung der Prüfmittel

Mit der Auswertung des Meßvorgangs, die ebenfalls den Anforderungen der Flexibilität und Automatisierung genügen muß, sind die Funktionen, die für die unmittelbare Durchführung von Meßvorgängen notwendig sind, vollständig beschrieben. Um diesen Meßprozeß allerdings auch räumlich innerhalb eines FFS abwickeln zu können, ist eine Kompensation der Umwelteinflüsse wie Temperatur, unreine Luft und Schwingungen notwendig.

Im Rahmen der Konzeption eines Prüfsystems muß für jede Prüffunktion innerhalb eines FFS aus den o.g. Funktionen eine spezielle Konfiguration geplant und ausgeführt werden, um eine technisch und wirtschaftlich angepaßte Lösung zu erhalten.

4.2.2.3   Schnittstellen zur Fertigungsumgebung

Nach außen benötigen die Prüffunktionen Schnittstellen für den Informations- und Materialfluß der Fertigungsumgebung.

Beim Informationsfluß sind, im Gegensatz zu anderen Maschinen, zwei Flußrichtungen zu berücksichtigen. Über diese Schnittstelle werden nicht nur die für den Prüfvorgang notwendigen Informationen und Daten an das Gerät übertragen sondern auch die Meßergebnisse und Protokolle zum übergeordneten Informationssystem übertragen.

Die zweite Schnittstelle bildet die Materialflußanbindung an das Transportsystem, das die Zellen verkettet. Diese Schnittstelle muß nur bei eigenständigen Meßzellen speziell konzipiert werden. Wird die Meßfunktion in einer Materialfluß- oder Bearbeitungsfunktion integriert, wird diese Schnittstelle bereits zur Verfügung gestellt.

4.2.3   Zusammenfassung

Um ein Prüfsystem für ein FFS zu konzipieren, sind drei wesentliche Detaillierungsschritte erforderlich. Im ersten Schritt werden die Prüfmittel bestimmt, die den Meßprozeß ausführen und damit den Kern der Prüffunktion bilden. Im zweiten Schritt wird die Anordnung der Prüffunktion im FFS festgelegt. Durch Konfiguration der notwendigen Zusatz- und Hilfsfunktionen wird im dritten Schritt die Flexibilität und Automatisierung der Prüffunktion festgelegt. Mit der Anbindung der Prüffunktion über eine Material- und Informationsflußschnittstelle ist das Konzept für das Prüfsystem vollständig.

4.3 Konzeption der Prüfplanung

In den folgenden Abschnitten wird ein auf das konfigurierte Prüfsystem abgestimmtes Konzept für die Funktionen der Prüfplanung entwickelt. Diese Funktionen sind im Fertigungsvorfeld im Bereich der Arbeitsvorbereitung anzusiedeln. Ablauftechnisch erfolgt die Prüfplanung im Anschluß an die Arbeitsplanung und setzt den Arbeitsplan und die Fertigungszeichnungen als Eingangsgröße voraus. Im Anschluß an die Prüfplanung findet die für automatisierte Prüfmittel erforderliche NC-Programmierung statt, deren Ergebnis mittels NC-Simulation überprüft wird. Systembeschreibungen zu den rechnergestützten Funktionen befinden sich in Kapitel 5.

4.3.1 Konzept zur Prüfplanerstellung

In FFS besteht hinsichtlich der auftragsbezogenen Prüfplanung, wie schon in Abschnitt 3.1.2 festgestellt, die Anforderung einer vollständigen Planung und Anweisung aller Prüfvorgänge, da diese weitgehend automatisiert durchgeführt werden. Um diese Vollständigkeit sicherzustellen, wird hier ein Konzept vorgestellt, das sowohl den Ablauf der Prüfplanung als auch die Hilfsmittel umfaßt, die der Prüfplaner bei der Erstellung des Prüfplanes benötigt.

Im ersten Schritt wird ein nicht auftragsbezogener, strukturierter Grundprüfplan entwickelt, auf dessen Basis der Prüfplaner dann im Rahmen der Auftragsabwicklung im Fertigungsvorfeld einen auftragsbezogenen Prüfplan zusammenstellt. Abschließend werden die Prüfmittel zugeordnet. Hierzu wird das in Abschnitt 4.2.1 entwickelte Klassifizierungsverfahren für Werkstücke und Prüfmittel angewendet.

4.3.1.1 Erstellung des strukturierten Grundprüfplans

Mit der Erstellung eines Grundprüfplanes wird für jedes Werkstück der vollständige Prüfumfang festgelegt. Das Werkstück wird dazu in Funktionsgruppen gegliedert. Im Hinblick auf die Tolerierung der Merkmale wird durch diese Einteilung ein hoher Transparenzgrad geschaffen, der auch bei der Vollständigkeitsüberprüfung vorteilhaft ist. Andererseits verhindert diese Strukturierung die aufwendige Herstellung und Prüfung nicht funktionsbedingter Toleranzen. Bild 40 zeigt am Beispiel eines Achsschenkels die Aufteilung in die verschiedenen Funktionsgruppen.

Jeder Funktionsgruppe sind diejenigen Bearbeitungsmerkmale zugeordnet, die zur Erfüllung der Funktion relevant sind. Auf diese Weise bildet sich eine verzweigte Baumstruktur, die jedes Bearbeitungsmerkmal erfaßt. Den Bearbeitungsmerkmalen sind die Arbeitsfolgen aus dem Arbeitsplan und das Planquadrat in der Zeichnung zugeordnet. Dem Prüfer steht damit die gesamte Historie der Bearbeitung zur Verfügung. In der dritten Ebene sind den Bearbeitungsmerkmalen deren Prüfmerkmale zugeordnet. In Bild 40 ist dies anhand einer Bohrung für das Traggelenkauge erkennbar. Jedem Merkmal wird außerdem eine Gewichtung zugeordnet, die sich am Herstellrisiko orientiert. Unter Herstellrisiko wird dabei das Produkt aus der Fehlerwahrscheinlichkeit und dem Risiko der Nichtentdeckung des Fehlers verstanden.

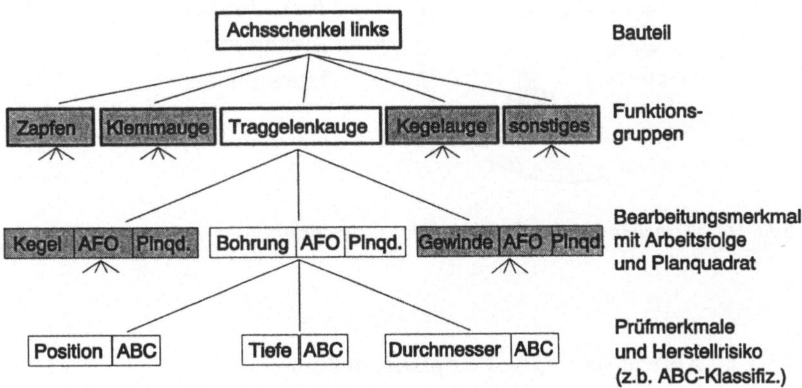

Bild 40: Funktionsorientierte Strukturierung eines Werkstücks

Da die Erstellung des Grundprüfplans eine Aufgabe ist, an der sowohl die Konstruktion als auch die Arbeitplanung und die Prüfplanung beteiligt sind, und die Entscheidungen von erheblicher technischer und wirtschaftlicher Relevanz sind, werden sie von einer bereichsübergreifenden Arbeitsgruppe im Vorfeld der auftragsbezogenen Arbeitsplanung getroffen. Ein solches Vorgehen (Bild 41) stellt sicher, daß fertigungsbedingte Merkmale genauso berücksichtigt sind wie konstruktive Merkmale. Außerdem ist eine solche Gruppe in der Lage, für jedes Merkmal das bestehende Herstellrisiko mittels FMEA-Methoden zu quantifizieren.

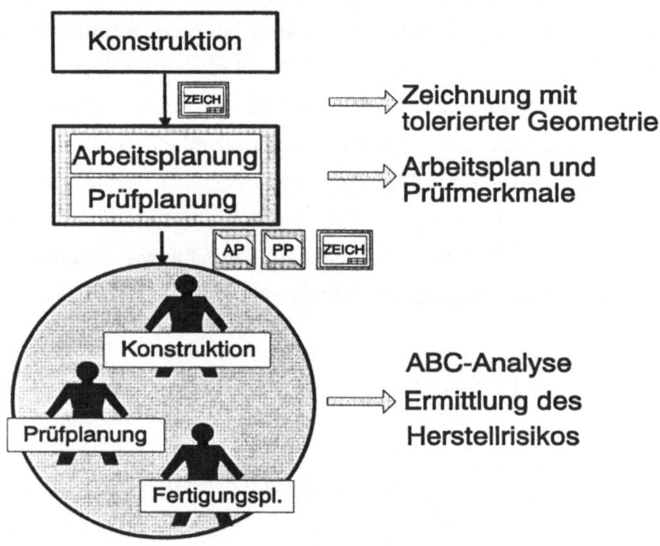

Bild 41: Vorgehen bei der Erstellung des Grundprüfplans

4.3.1.2   Auftragsbezogene Prüfplanerstellung

Der Prüfplaner, der den auftragsbezogenen Prüfplan entwickelt, entscheidet über den Prüfumfang am jeweiligen Werkstück, indem er die Prüfschärfe festlegt und dann anhand des Grundprüfplans die Prüfarbeitsfolgen bestimmt. Die Entscheidung, ob ein Merkmal geprüft wird, ist dabei unmittelbar vom Herstellrisiko abhängig.

Bei der Prüfung eines Werkstücks, das mit einem nicht erprobten NC-Programm gefertigt wurde, müssen alle Merkmale unabhängig vom Herstellrisiko geprüft werden. Werden größere Stückzahlen des Werkstücks produziert, kann der Prüfumfang, wenn nicht andere Vorschriften dagegensprechen, auf Merkmale mit erhöhtem Herstellrisiko beschränkt werden.

Das Ergebnis dieses Vorgangs ist ein strukturierter Prüfplan, der alle für den spezifischen Auftrag notwendigen Informationen bis auf das Prüfmittel enthält. Diese Informationen sind so aufbereitet, daß für den NC-Programmierer bzw. den Prüfer eine eindeutige Anweisung für den Prüfvorgang und dessen Dokumentation vorliegt.

4.3.1.3 Prüfmittelauswahl mittels Teileklassifizierung

Der im vorausgegangenen Abschnitt dargestellte Ablauf zur Erstellung des Prüfplans umfaßt noch nicht die Zuordnung des Prüfmittels zu den Prüffolgen. Um einen effizienten und vor allem auch automatisierbaren Ansatz für die Prüfmittelauswahl und deren Optimierung hinsichtlich der Zusammenlegung der Prüfvorgänge zu gewährleisten, wird für die Prüfmittelzuordnung das gleiche Verfahren angewendet, das auch für die Auswahl der Prüfmittel (Abschnitt 4.2.1.2) für das Prüfsystem angewandt wurde.

Zum Aufbau des Prüfsystems wurden die Prüfmittel im FFS klassifiziert. Auch die Werkstücke, die im FFS bearbeitet werden, sind vollständig klassifiziert. Liegt der spezifische Prüfplan für ein Werkstück vor, kann anhand des Kataloges der klassifizierten Prüfmittel und anhand des für den Fertigungszustand speziell ermittelten Teileschlüssels des Werkstücks eine Gruppe geeigneter Prüfmittel bestimmt werden.

Die aufgrund der Klassifizierung ermittelte Gruppe von Prüfmitteln stellt wegen der Struktur des Schlüssels ein zahlenmäßiges Minimum dar. Diese Auswahl berücksichtigt weder ablauf- noch steuerungstechnische Randbedingungen. Mit Hilfe des Katalogs klassifizierter Prüfmittel und des Prüfplans wird zusätzlich eine rechnergestützte Optimierung hinsichtlich der Durchlaufzeit möglich.

4.3.2   Konzeption der NC-Programmierung und Meßvorgangs-
simulation

Das durchgängige Prüfplanungskonzept schließt mit der Vorbereitung der einzelnen Prüfvorgänge hinsichtlich der Betriebsmittelplanung, der NC-Programmierung und der NC-Simulation ab. Diese Funktionen sind aufgrund ihrer rüstzeitverlängernden Wirkung für den zeitoptimalen Durchlauf vor allem bei automatisierten Prüfvorgängen von Bedeutung.

Das im folgenden vorgestellte Konzept für ein graphisch interaktives NC-Programmier- und Simulationssystem für automatisierte Meßvorgänge integriert die notwendigen Funktionalitäten einschließlich der Betriebsmittelplanung. Die Funktion der Meßvorgangssimulation dient dabei zur Verifikation der Planungsergebnisse und führt zu einer erhöhten organistorischen Verfügbarkeit der Meßfunktionen.

4.3.2.1   Optimierung der NC-Programmqualität und Betriebsmittel-
planung

Zu einer Optimierung der Qualität der Planungsergebnisse der NC-Programmierung und Betriebsmittelplanung sind grundsätzlich zwei Funktionalitäten notwendig. Zum einen muß der Planungsvorgang so gestaltet werden, daß Fehler aufgrund von Irrtum, Fehlbedienung oder Mißverständnis durch entsprechende Unterstützung weitgehend ausgeschlossen werden. Zum anderen muß das Gesamtergebnis der Planung noch im Fertigungsvorfeld durch eine Simulation verifiziert werden.

Der vollständige Ablauf der NC-Programmierung und die zu planenden Prozesse bzw. Betriebsmittel sind in Bild 42 erkennbar. Der erste Schritt zur Unterstützung des NC-Programmierers besteht in der vollständigen Abbildung des Meßgerätes, des Werkstücks, der notwendigen Peripherieeinrichtungen und Vorrichtungen in einem graphikorientierten Programmiersystem. Die Konfiguration und Manipulation der Vorrichtungen und Meßhilfsmittel wird in die Funktion "NC-

Programmierung" eingebettet. Weiterhin sind die Algorithmen zur Auswertung der Messung in den Funktionalitäten enthalten.

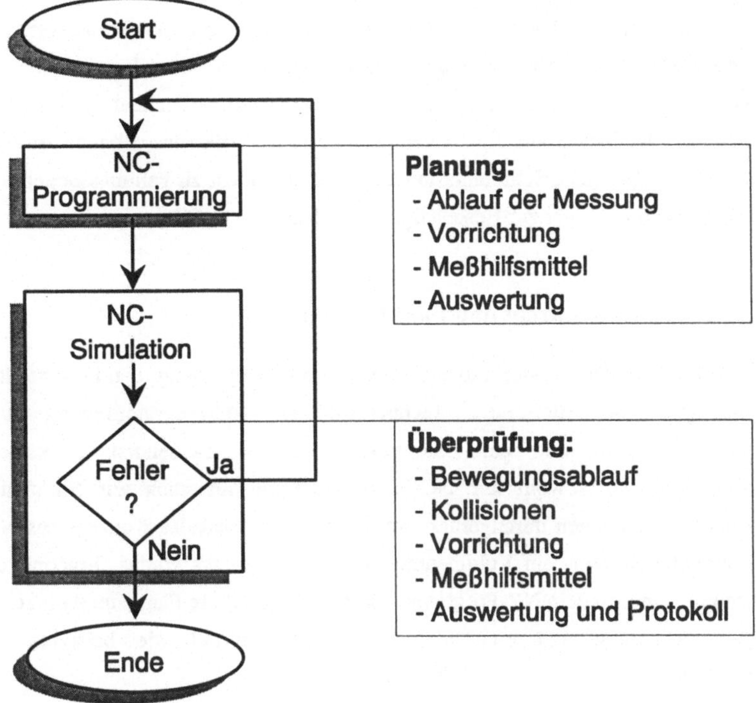

Bild 42: Regelkreis für die Qualität des NC-Programms

Die NC-Programmierung der Bewegungsabläufe geschieht graphisch interaktiv durch Identifizieren der zu messenden Geometrie. Der Meßprogrammschritt wird dabei automatisch hinsichtlich der Nennmaße und Positionskoordinaten parametrisiert, was Fehleingaben weitgehend verhindert.

Die Meßvorgangssimulation ist in die gleiche Systemumgebung integriert, in der auch die NC-Programmierung stattfindet. Da sie die gleichen Datenstrukturen und Modelle von Werkstück, Meßgerät und Umgebung benutzt, sind

Schnittstellenprobleme auszuschließen. Der unmittelbar im Lauf der Simulation mögliche Eingriff in das Meßprogramm verkürzt die Zeit für die Optimierung der Programme und Vorrichtungspläne. Im Rahmen der graphischen Meßvorgangs-simulation wird der gesamte Meßablauf einschließlich der Auswertung und Protokollierung der Meßergebnisse betrachtet und kann gegebenenfalls korrigiert werden. Die Simulation verringert bei den zum Teil komplex aufgebauten Tastern, die im Fachjargon auch als Hirschgeweihe bezeichnet werden, das erhebliche Kollisionspotential. Eine automatische Kollisionsrechnung erkennt Fehlantastungen (z.B. Schaftantastungen), die zumindest zu Fehlmessungen und unter Umständen sogar zur Beschädigung des Meßgerätes führen.

4.3.2.2   Systemkonzept und Funktionalität

Zusätzlich zu den in der Arbeitsplanung und Prüfplanung bereits erstellten Unterlagen ist für eine rechnergestützte NC-Programmierung und Meßvorgangssimulation ein Datenmodell des zu messenden Werkstücks erforderlich. Da sowohl zur NC-Programmierung als auch zur Simulation Kollisionsrechnungen durchgeführt werden müssen, setzt das Konzept des NC-Programmiersystems ein Volumenmodell des Werkstücks voraus. Ergebnis der Planung ist neben dem NC-Programm für das Meßgerät ein Plan zum Aufbau der Spannvorrichtung und eine Liste der Meßhilfsmittel wie beispielsweise Tastköpfe.

Die Hauptfunktionen, die für das Konzept eines intergrierten NC-Programmier- und Meßvorgangssimulationssystems notwendig sind, sind in Bild 43 dargestellt.

Den Kern des Systems bildet ein graphisch-interaktives Simulationssystem, das graphische Abbildungen von Robotern gemäß einer individuell definierten Kinematik und Steuerlogik animieren kann. Weiterhin können auch Körper, wie beispielsweise Werkstücke, abgebildet werden. Die Objekte werden als Volumen dargestellt, um Geometrieanalysen und Kollisionsrechnungen zu ermöglichen. Wesentlich für das Konzept ist die Möglichkeit, Elemente der abgebildeten Geometrien nach Art und Abmessungen identifizieren zu können. Die Steuerbefehle, nach denen sich das Meßgerät in der Simulation bewegt, werden in Programmlisten eingetragen und verwaltet. Zur Abbildung der realitätsgetreuen Umgebungsverhältnisse können weitere Objekte, wie beispielsweise Vorrichtungen, in die Darstellung aufgenommen werden, die analog zu den Werkstücken als Volumen berücksichtigt werden. Externe Handhabungsgeräte werden analog zum Meßgerät mit Steuerung und Kinematik sowie deren steuerungstechnischer Kopplung mit anderen Komponenten abgebildet, so daß sie in Kollisionsrechnungen ebenfalls berücksichtigt werden können.

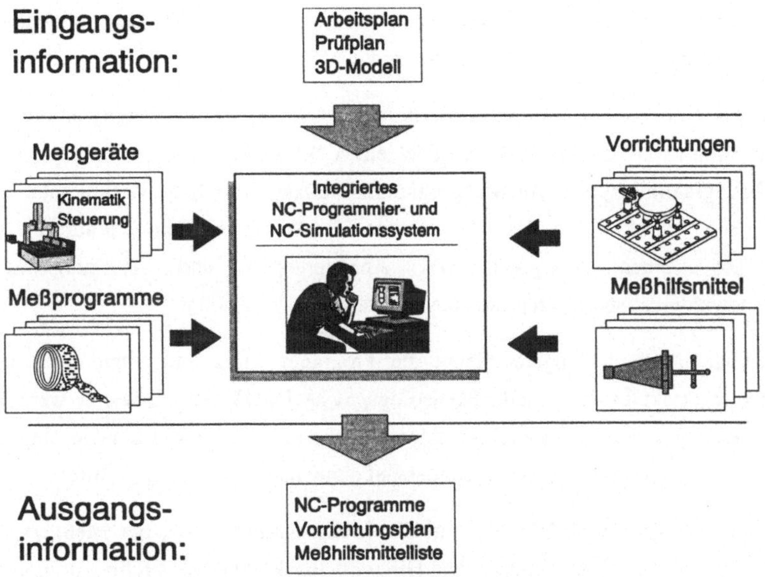

Bild 43: Funktionen des integrierten NC-Programmier- und Simulationssystems

Die Systemoberfläche stellt dem NC-Programmierer neben der graphischen Darstellung aller Objekte den gesamten Funktionsumfang des zu programmierenden Meßgeräts zur Verfügung. Der Programmierer identifiziert die einzelnen zu messenden Geometrien graphisch. Die Geometrie wird erkannt und die für das Messen notwendigen Parameter ermittelt. Der Programmierer kann an dieser Stelle bezüglich der Anzahl oder Lage der Meßpunkte eingreifen. Gibt der Programmierer eine Messung frei, wird sie in das NC-Programm eingetragen. Entscheidend für das schnelle Erkennen und Beseitigen von Programmierfehlern ist, daß zu jeder Zeit das erzeugte NC-Programm in Teilen oder komplett graphisch simuliert werden kann, ohne die Systemumgebung zu wechseln.

In bezug auf die Auswertung der Meßergebnisse sind die Koordinatentransformationen und die Lage der einzelnen Koordinatensysteme entscheidend. Die dafür notwendigen Funktionen liegen im Systemhintergrund, so daß der Programmierer sich nur jeweils mit einem lokalen und dem globalen Koordinatensystem auseinandersetzten muß.

Die Entwicklung der Systemoberfläche (Bild 44) für die NC-Programmierung und Simulation von Meßgeräten bildet einen Schwerpunkt des Konzepts. Das NC-Programmiersystem für Meßprogramme verlangt eine hohe Komplexität in der Befehlsstruktur, da das Messen eines Punkts neben dem Anfahren der Position einen entsprechenden Annäherungs- und Rückzugsweg, Geschwindigkeitsparameter und eine Auswerteroutine benötigt.

Unabhängig vom Meßgerät findet die Programmierung und Simulation der Abläufe direkt in der Standardsteuerungsprache DMIS statt. Dadurch werden Schnittstellen und Übertragungsprobleme vermieden. Außerdem können einmal erstellte Programme ohne Ändereungen auf ähnlichen Meßgeräten ablaufen.

Weitere integrierte Funktionen sind das Meßprogrammarchiv, der Meßgerätekatalog sowie der Vorrichtungs- und Hilfsmittelbaukasten. Die Archivierung und Verwaltung von bereits erstellten Meßprogrammen dient zu Verringerung des Programmieraufwands durch Wiederverwendung vorhandener Programmteile. Eine Hauptaufgabe besteht in der Verwaltung und Wiederaufindung der Programme.

Der Meßgerätekatalog enthält neben den graphischen und kinematischen Beschreibungen der Meßgeräte eine Abbildung der Steuerung und gegebenenfalls der Zelle, in der das Meßgerät integriert ist. Die Meßgeräteauswahl wird gemäß der Vorschriften im Prüfplan vorgenommen.

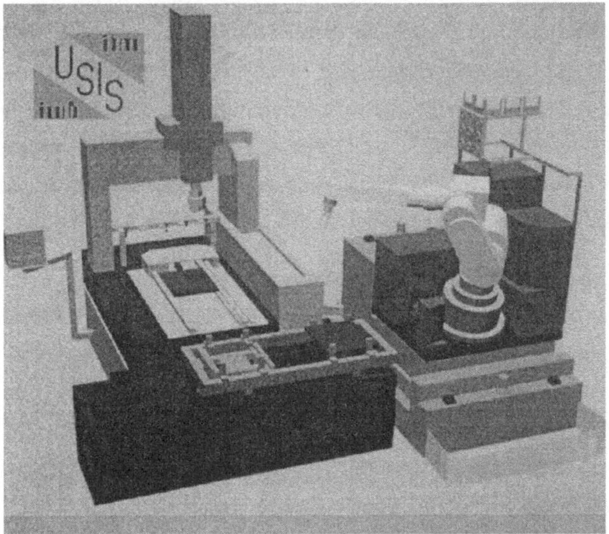

Bild 44: Systemoberfläche zur Programmierung eines KMG

Die Baukästen für Spannvorrichtungen und Meßhilfsmittel sind so angelegt, daß nur die jeweils spezifisch für das Meßgerät geeigneten Objekte verfügbar sind. Die Konfiguration beispielsweise einer Spannvorrichtung wird in einer Stückliste und einer Aufbauvorschrift festgehalten. Dasselbe gilt z.B. für Meßhilfsmittel wie Tastköpfe für Koordinatenmeßgeräte.

4.3.3   Zusammenfassung

Im Hinblick auf eine stetige Verbesserung der Prozeßfähigkeit stellt eine durchgängige Systematik zur Qualitätssicherung und die vollständige und gezielte Planung der Prüfumfänge die wesentlichen Voraussetzungen dar. Außerdem erfordern automatisierte Prüfsysteme im Fertigungsvorfeld eine vollständige Vorbereitung der Prüfvorgänge, um durchlaufzeitoptimal und wirtschaftlich funktionieren zu können.

Das vorgestellte Konzept zur Prüfplanung greift bereits unmittelbar im Anschluß an die Produktkonstruktion bei der Festlegung der Grundprüfpläne. Die funktionsorientierte Strukturierung ermöglicht einen Überblick über die Merkmale und eine grundsätzliche Auseinandersetzung über die erforderlichen Toleranzen. Mit dem Grundprüfplan wird dem auftragsbezogen planenden Prüfplaner ein Maß für die Prüfnotwendigkeit bzw. das Herstellrisiko gegeben. In der auftragsbezogen zu fällenden Entscheidung über den Prüfumfang hat der Prüfplaner den Parameter der Prüfschärfe in der Hand. Das Prüfmittelauswahlsystem unterstützt den Prüfplaner zusätzlich.

Für die organisatorische Verfügbarkeit und Durchlaufzeitoptimierung ist die Qualität der im Anschluß an die Prüfplanung stattfindenden NC-Programmierung entscheidend. Das vorgestellte Konzept zur integrierten NC-Programmierung und Meßablaufsimulation löst dieses Problem durch unmittelbare, systeminterne Prüfung des Programmierergebnisses, wobei die Möglichkeit der vollständigen Umgebungsabbildung eine wesentliche Rolle spielt. Weitere Ergebnisse dieses Planungsvorgangs sind die Vorrichtungs- und Meßhilfsmittelplanung.

5 Beschreibung und Realisierung der Systematik zum Prüfen

5.1 Überblick über das Kapitel

Das Kapitel Beschreibung und Realisierung der Systematik zum Prüfen zeigt zunächst anhand eines konkreten, für die Fertigung von Axialkolbenpumpen ausgelegten FFS, wie ein Prüfsystem geplant wird. Weiterhin wird die Realisierung der Prüffunktionen und des NC-Programmier- und Simulationssystems beschrieben, um die Funktionsfähigkeit der in dieser Arbeit konzipierten durchgängigen Systematik für das Prüfen nachzuweisen. Anhand eines existierenden Werkstückspektrums werden die wesentlichen Funktionen der Systematik demonstriert. Die Leistungsfähigkeit der Systematik wird zum Abschluß anhand eines Fertigungsbeispiels gezeigt und bewertet.

5.2 Konfiguration des Prüfsystems für ein FFS

Im folgenden wird mit den in Kapitel 4 vorgestellten Methoden ein Prüfsystem für ein bestehendes FFS geplant. Aus der Analyse des Teilespektrums, das auf dem Bearbeitungssystem gefertigt wird, gehen die für den Fertigungsablauf notwendigen Prüfmittel hervor. Abschließend werden die Hilfsfunktionen, die zum Aufbau von Prüffunktionen und zu deren Integration in das FFS notwendig sind, ausgewählt. Damit ist das Prüfsystem von seiten seiner Funktionen vollständig beschrieben.

5.2.1 Beschreibung und Klassifizierung des Teilespektrums

In dem betrachteten FFS werden vor allem die Teile einer Axialkolbenpumpe (Bild 45) gefertigt. Die Pumpen werden auftragsgemäß gefertigt und sind in verschiedene Baugrößen gestuft. Zwischen den Baugrößen kann die Kolbenzahl zur Leistungsanpassung variiert werden. Für dieses zu fertigende Teilespektrum sind ein Bearbeitungszentrum und ein 4-Achsen Drehzentrum in dem FFS installiert. Betrachtet werden im weiteren speziell die Fertigung des Flanschdeckels, des rückwärtigen Gehäusedeckels und der Antriebswelle, da an diesen Teilen die Anforderungen an das Prüfsystem im FFS vollständig dargelegt werden können.

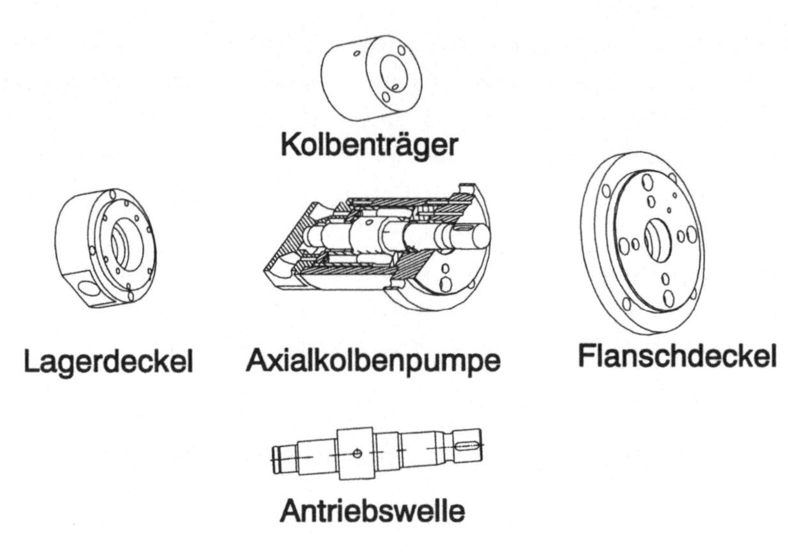

Bild 45: Im FFS gefertigte Hauptkomponenten der Axialkolbenpumpe

Zur Auswahl der notwendigen Prüfmittel werden zunächst die im FFS gefertigten Werkstücke klassifiziert. Dazu wird das im Abschnitt 4.2.1 beschriebene formorientierte Klassifizierungsverfahren verwendet. Um die Vorgehensweise bei der Klassifzierung zu verdeutlichen, sind in Bild 46 die charakteristischen Geometrieelemente des Flanschdeckels markiert und deren Einordnung ausführlich beschrieben.

Bei dem Flanschdeckel handelt es sich um ein rotationssymmetrisches Scheibenteil mit axialem Bohrbild. Die Innenform ist durch eine durchgängige Lagerbohrung geprägt. Beidseitig ist ein Zentrierbund für die Flanschverbindung angedreht. Der Ergänzungsschlüssel stuft das Teil in die Größenklasse 2 "ohne besonderen Aufwand" bezüglich der Lage der Formelemente ein. Es werden weder Werkstoffprüfungen noch Sonderprüfungen zur Dichtigkeit vorgeschrieben. Für die Lagerbohrungen sind die üblichen Lage- und Formtoleranzen vorgeschrieben.

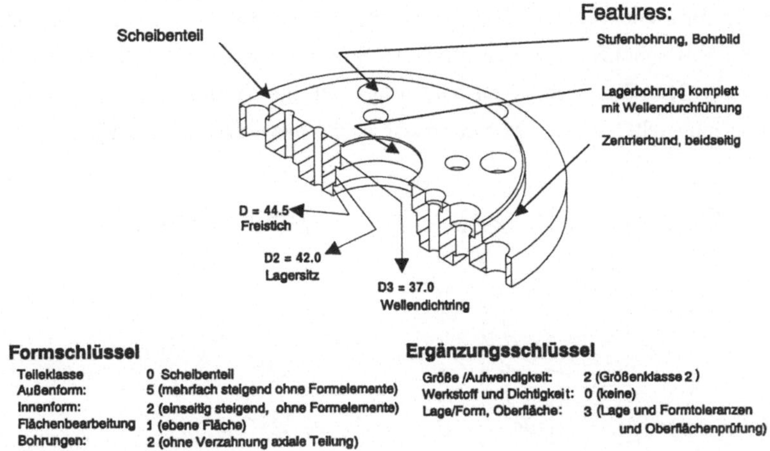

Bild 46: Klassifizierter Flanschdeckel mit Bezeichnung der bewerteten Geometrieelemente

Der Gehäusedeckel, der die Loslagerung der Pumpe trägt und seitlich die Flanschgewinde für die Anschlüsse besitzt, ist ebenfalls ein Rotationsteil. Aufgrund des Verhältnisses von Höhe zu Durchmesser zählt er zur Teileklasse 1 (Bild 35). Die Außenform ist im wesentlichen zylindrisch mit Abweichungen. Der Lagersitz, der die Innenform des Werkstücks festlegt, wird von einer Bohrung mit Absatz gebildet. An der Außenseite des Werkstücks sind zwei Flanschflächen angefräst, die hinsichtlich Ihrer Lage zu den Bohrungen toleriert sind. Das axiale Bohrbild mit den beiden radial angeordneten Gewindebohrungen prägt die fünfte Schlüsselstelle. Hinsichtlich des Ergänzungsschlüssels für das Prüfen ist das Teil in der gleichen Größenklasse angesiedelt, wie der Flanschdeckel. Durch die Radialbohrungen ist das Teil allerdings aufwendiger zu spannen und zu messen. Die Anforderungen hinsichtlich der Oberflächen- und Lagetoleranzen sind identisch.

Die Antriebswelle ist ein typisches Wellenteil, dessen Funktionsflächen die Lagerstellen und der Schrumpfsitz für den Kolbenträger sind. Es gehört aufgrund seiner Proportionen zur Teileklasse 2 (Bild 35). Abweichungen von der reinen Wellenform entstehen bei der Paßfedernut und der Bohrung für den Scherstift. Diese Abweichungen schlagen sich in der Bewertung der 4. und 5. Schlüsselstelle nieder. Der Sitz des Wellendichtrings ist geschliffen. Daher sind im Ergänzungsschlüssel Anforderungen an die Oberflächenqualität festgehalten.

Gehäusedeckel Antriebswelle

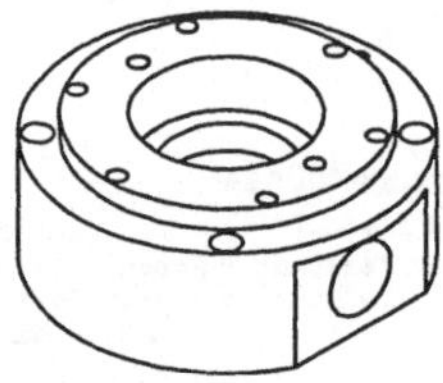

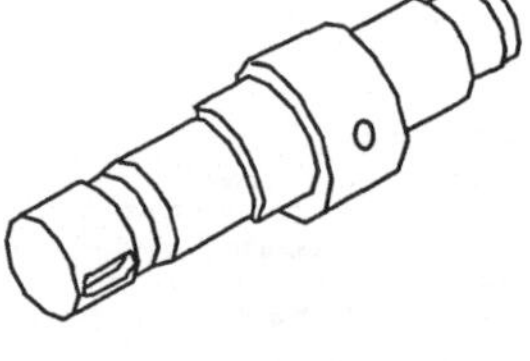

<u>Klassifizierung:</u>

Formschlüssel: 1 4 2 2 3   Formschlüssel: 2 5 0 3 3
Ergänzungsschl.: 3 0 3   Ergänzungsschl.: 2 0 3

Bild 47: Gehäusedeckel und Welle jeweils mit Klassifizierungsschlüssel

Auf der Grundlage dieser Klassifizierung sowie der vorhandenen Fertigungsumgebung wird in den folgenden Abschnitten das Prüfsystem aufgebaut.

5.2.2   Beschreibung der Fertigungsumgebung

Die Basis für die Integration der Systematik für das Prüfen in FFS bildet ein bestehendes FFS und das ihm zugeordnete Fertigungsvorfeld. Ziel der folgenden Darstellung der Fertigungsumgebung ist die Klärung der Randbedingungen, die das FFS an das Prüfsystem stellt. Diese Randbedingungen sind zusammen mit einer kurzen Bewertung der Eignung der Umgebung im letzten Abschnitt zusammengefaßt.

5.2.2.1 Bearbeitungs- und Materialflußsystem

Das Bearbeitungssystem des FFS besteht aus einem 4-achsigen Horizontalbearbeitungszentrum mit Palettenpool und einem 4-achsigen Drehzentrum mit integriertem Werkstückspeicher. Diese beiden Maschinen sind jeweils Kern einer der beiden Fertigungszellen im FFS. Die Materialflußschnittstelle bilden Palettenständer, von denen aus ein FTS die Paletten automatisch übernehmen kann. Auf den Paletten werden Werkstücke, Werkzeuge und Vorrichtungen transportiert. Zum Rüsten der Transportpaletten sowie zur Montage und Voreinstellung der Werkzeuge ist eine Rüstzelle in das System integriert. Ein Flächenportalroboter übernimmt in dieser Zelle sämtliche Handhabungsaufgaben. Die Montage und Demontage der Werkzeuge findet an einem der Zelle angegliederten Handarbeitsplatz statt, welcher eine Ein-schleusungsvorrichtung besitzt. Jede der Zellen wird von einem eigenen Zellenrechner gesteuert und überwacht [97].

Der Einsatz stationärer Industrieroboter zur Beschickung in den Bearbeitungs-zellen läßt sich wegen der kurzen Handhabungszeiten an den einzelnen Maschinen relativ zur Stillstandszeit nicht rechtfertigen [98][99]. In dem beschriebenen FFS werden die Handhabungsvorgänge in den Bearbeitungszellen daher von einem mobilen Roboter vorgenommen. Dieser Roboter wird ebenfalls, wie die Transportpaletten auch, vom FTS transportiert. Auf einem Laststand in Reichweite der Bearbeitungsmaschine abgesetzt, arbeitet er wie ein dort stationär montierter Roboter. Der Zellenrechner koordiniert dabei die Funktionen von Maschine und Roboter, so daß die Maschine sowohl mit Werkzeugen als auch mit Werkstücken automatisch versorgt wird.

5.2.2.2   Informationsflußsystem

Das Informationsflußsystem im Flexiblen Fertigungssystem besteht aus mehreren, den Zellen jeweils logisch und physikalisch zugeordneten Zellenrechnern. Jeder Zellenrechner hat die Aufgabe, die Aufträge, die ihm vom Werkstattleitsystem zugewiesen werden, in der jeweiligen Zelle durchzusetzen. Das bedeutet, daß der Zellenrechner den Maschinen die notwendigen NC-Programme in den Speicher lädt und startet. Außerdem koordiniert er die Abläufe zwischen den verschiedenen Zellenkomponenten wie Handhabungssystem, Werkzeugmaschine usw. [97].

Die Software für den Zellenrechner wird auf PC-Rechnern unter dem Betriebssystem OS/2 betrieben. In bezug auf die Maschinen, die vom Zellenrechner gesteuert werden können, ist die Software neutral. Das bedeutet, daß jede Maschine, die eine DNC-Schnittstelle mit einem entsprechenden Befehlssatz besitzt, vom Zellenrechner direkt angesteuert werden kann. Die Befehlsformate und Befehlssätze werden entsprechend der anzuschließenden Maschine angepaßt. Physikalisch verwendet der Zellenrechner eine serielle Schnittstelle nach dem V.24 Standard. Untereinander sind die Zellenrechner über ein PC-Netzwerk auf Ethernet-Basis verbunden.

Von dem im folgenden nicht näher betrachteten Leitsystem wird ein Meßauftrag wie jeder andere Bearbeitungsauftrag behandelt. Er wird terminiert und in die Zellen eingelastet. Bei der Terminierung und Expansion der Aufträge ist darauf zu achten, daß kein Bearbeitungsauftrag freigegeben wird, der einen Meßauftrag voraussetzt, der noch nicht abgeschlossen bzw. ausgewertet ist.

5.2.2.3   Voraussetzung für die Integration des Prüfsystems

Die in den vorangegangenen Abschnitten dargestellte Fertigungsumgebung ist für die Integration von flexibel automatisierten Prüffunktionen sowohl aufgrund des Bearbeitungssystems als auch aufgrund des Materialflußsystems geeignet.

Für die Verkettung der verschiedenen Produktionszellen ist bereits ein flexibles, erweiterungsfähiges Transportsystem in Form eines FTS verfügbar. Für

Handhabungsaufgaben stehen Kapazitäten des mobilen Roboters zur Verfügung. Aufgrund seines Aufbaus, der informationstechnischen Schnittstellen und seiner hohen Flexibilität in bezug auf das greifbare Teilespektrum, ist der Roboter sowohl für Rüst- als auch für Beschickungsaufgaben geeignet.

Sowohl das vorhandene Spektrum an Bearbeitungsfunktionen als auch das breite bearbeitbare Werkstückspektrum machen die Integration eines Prüfsystems sinnvoll. Aufgrund der geringen Losgrößen und des Werkstückspektrums läßt sich die angestrebte Flexibilität und Automatisierung beim Prüfen mit bekannten Standardkomponenten nicht erreichen.

5.2.3 Auswahl und Festlegung der Prüffunktionen des Prüfsystems

Für das bereits in Abschnitt 4.3.1 vorgestellte Spektrum an Werkstücken werden im wesentlichen Prüfungen der Geometrie hinsichtlich der Maße, der Form- und Lagetoleranzen sowie der Oberflächengüte durchgeführt. Eine aufwendige Rohteileingangsprüfung entfällt, da die Teile von der Stange gesägt werden. Die Prüfungen beziehen sich auf die geometrischen Abmessungen des Werkstücks. Die folgenden Abschnitte beschreiben das im FFS zu installierende Prüfsystem.

5.2.3.1 Auswahl der Prüfmittel

In Anbetracht des in Abschnitt 5.2.1 beschriebenen und klassifizierten Teilespektrums kann man feststellen, daß es sich grundsätzlich in die Gruppen Wellenteile der Teileklasse 2 und eher scheibenförmige Rotationsteile der Klassen 0 und 1 handelt.

Zunächst werden die Prüfmittel für den Flansch- und den Gehäusedeckel bestimmt. Führt man den in Abschnitt 4.2.1.3 beschriebenen Mustervergleich zwischen den Prüfmitteleignungsmatrizen und den Klassifizierungsmatrizen der Werkstücke durch, so sind dreiachsige Koordinatenmeßgeräte (Bild 37) für die Messung dieser Werkstücke besonders geeignet. Betrachtet man weitere Meßgeräte, so sind auch in Werkzeugmaschinen installierte Tastsysteme für Koordinatenmessungen geeignet. Ein solches Meßgerät ist ebenfalls, wie aus der

Klassifizierung hervorgeht, geeignet. Anforderungen an die Oberflächenrauhigkeit können mit diesen Geräten allerdings nicht geprüft werden. Es muß also zusätzlich ein Tastschnittmeßgerät als Prüfmittel vorgesehen werden. Das Ergebnis dieser Erhebung ist in der Tabelle (Bild 48) zusammengefaßt.

Zur Messung der Antriebswelle sind dreiachsige Koordinatenmeßgeräte nur sehr bedingt geeignet, da es eines hohen Aufwandes bedarf, die Taster und Vorrichtungen zur Vermessung aufzubauen. Ein Wellenmeßgerät, bestehend aus einer CCD-Zeilenkamera mit Gegenlicht, an der die Welle zur Messung vorbeigeführt wird, besitzt eine hohe Eignung für die Messung. Auch hier muß zur Prüfung der Oberflächenqualität zusätzlich ein Tastschnittmeßgerät eingesetzt werden.

	Koordinaten-meßgerät	Taster in der WZ-Maschine	Wellenmeß-platz	Tastschnitt-meßgerät
Gehäusedeckel	●	●	X	●
Flanschdeckel	●	●	X	●
Antriebswelle	X	O	●	●
● geeignet		O bedingt geeignet		X ungeeignet

Bild 48: Zuordnung der Eignung der Prüfmittel für die Werkstücke

Zusammenfassend kann man festhalten, daß die in der Tabelle aufgeführten Meßgerätearten abhängig von der benötigten Prüfkapazität mindestens jeweils einmal in das FFS integriert werden müssen, um die anstehenden Meßaufgaben vollständig abzudecken.

5.2.3.2 Anordnung der Prüffunktionen gemäß der Prüfstrategie

Im vorausgegangenen Abschnitt wurden die Prüfmittel aufgrund des zu prüfenden Teilespektrums festgelegt. Eine wesentliche Voraussetzung für die

Anordnung der Prüfmittel innerhalb des FFS sind die Meß- und Prüfstrategien, also die Anordnung der Prüfungen im Fertigungsablauf. In einer Fertigung, die stark auf kleine Losgrößen ausgerichtet ist, stellt das Einfahren der NC-Programme mit entsprechendem Meß- und Prüfaufwand den Hauptanteil der durchzuführenden Prüfungen. Betrachtet man den Ablauf der Fertigung eines Loses des Flanschdeckels, so läuft eine typischer Auftrag wie folgt ab:

Das erste Teil des Loses wird mit dem NC-Programm gefertigt. Das Werkstück wird gemessen und das NC-Programm gegebenenfalls korrigiert. Dann erst werden die weiteren Teile des Loses gefertigt. Das zweite Stück des Loses wird zur Verifikation der Korrektur nochmals geprüft. Abhängig von der Prüfschärfe und der Losgröße werden weitere Teile des Loses stichprobenhaft geprüft. Je mehr Stufen die Bearbeitung des Werkstücks hat, desto häufiger wird der beschriebene Zyklus durchlaufen.

Anforderungen an den Prüfprozeß	prozeßintermittierende Messung	Postprozeßmessung	
		materialflußint.	Meßzelle
Reaktionszeit	kurz	kurz	lang
techn. Aufwand	gering	hoch	sehr hoch
Eignung für Erstteilprüfung	ungeeignet	geeignet	geeignet
Maßverkörperung	maschinenintern	meßgeräteint.	meßgeräteint.
Auswertung	Maschinensteuerung	Meßrechner	Meßrechner
Meßzeit	hauptzeitverlängernd	hauptzeitparallel	hauptzeitparallel

Bild 49: Kriterien zur Anordnung der Prüffunktionen im FFS

Für die Anordnung der Prüffunktionen innerhalb des FFS stellt der beschriebene Ablauf eine wesentliche Randbedingung dar. Um darüber entscheiden zu können, sind in Bild 49 die Kriterien für die Anordnung und die Eignung der im vorausgegangenen Abschnitt ermittelten Meßgeräte zusammengestellt. Betrachtet man den Gehäuseboden und den Flanschdeckel, so zeigt sich, daß aus der Sicht der Reaktionszeit und des technischen Aufwandes ein Meßsystem innerhalb der Werkzeugmaschine besonders geeignet wäre. Da jedoch die Erstteilprüfung beim Einfahren von NC-Programmen eine wesentliche Rolle spielt und der Meßaufwand bei diesen Teilen hoch und damit belegungszeitverlängernd ist, kann dieses Meßverfahren allenfalls für die Verfikation der Korrekturen eingesetzt werden. Das andere für die Teilegruppe geeignete Meßgerät wäre ein Koordinatenmeßgerät, das in einer eigenständigen Zelle des FFS installiert werden könnte. Zusammen mit einem in die Werkzeugmaschine integrierten Meßsystem können die geforderten Prüfungen durchlaufzeitoptimal abgewickelt werden, indem die Erstteilprüfung auf dem Koordinatenmeßgerät durchgeführt wird und die Verifikation von Korrekturmaßnahmen maschinenintern stattfindet.

Die fertigungstechnisch weniger aufwendige Antriebswelle wird mit relativ kurzen Stückzeiten gefertigt. Als ideales Prüfmittel hat sich ein Wellenmeßplatz herausgestellt. Aufgrund der kurzen Stückzeiten bieten sich hier grundsätzlich zwei mögliche Anordnungen an. Als eigenständige Prüfzelle müßte für das Wellenmeßgerät ein sehr hoher Aufwand hinsichtlich Handhabung und Peripherie betrieben werden. Im Hinblick auf die kurze Stückzeit erscheint aber eine kurze Reaktionszeit wesentlich. Der einfache Meßvorgang des Wellenmessens, der im wesentlichen aus dem Vorbeiführen an einer Zeilenkamera besteht, legt die Integration des Meßplatzes in die bestehende Materialflußfunktion der Maschinenbeschickung nahe.

Bei dieser Strategie sind einfache Prüfungen wie die Oberflächenmessung mit einem Handgerät oder Baumaßprüfungen mit einem Meßschieber nicht erwähnt, da sie von der Automatisierung nicht erfaßt werden können. Sie werden in bekannter Weise manuell abgewickelt und sind den Bearbeitungsfunktionen zugeordnet.

5.2.3.3   Integration und Aufbau der Prüffunktionen im FFS

Im folgenden wird das Konzept für den Aufbau der Prüffunktionen des Prüfsystems sowie deren Integration in den Material- und Informationsfluß dargestellt. Die Planung des Prüfsystems wird mit der Festlegung der notwendigen Hilfsfunktionen innerhalb der Prüffunktionen abgeschlossen. Grundlage für die Festlegung ist, wie in Abschnitt 4.2.2.2 dargelegt, die Fertigungsumgebung und der vorgegebene Automatisierungsgrad.

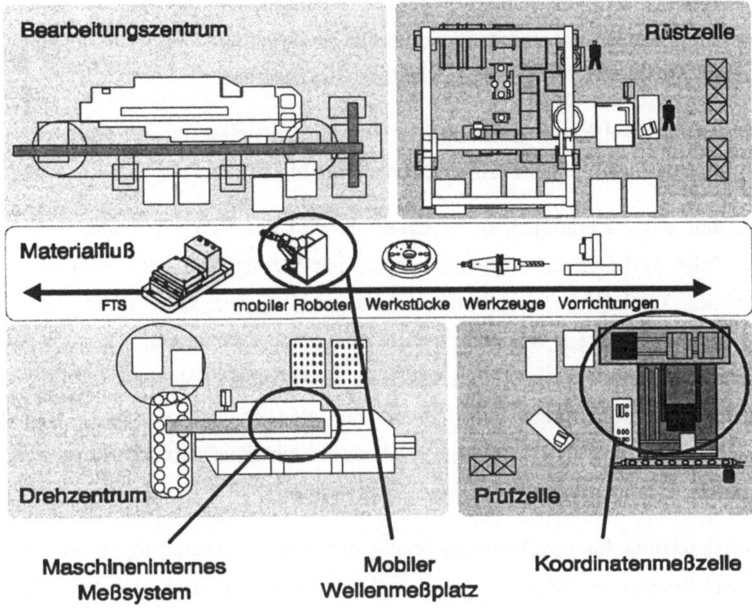

Bild 50: Anordnung der Prüffunktionen im Layout des FFS

In dem in Bild 50 dargestellten Layout des FFS sind die Prüffunktionen bereits eingetragen. Das Prüfsystem besteht aus drei Prüffunktionen, die um die im vorausgegangenen Abschnitt bestimmten Prüfmittel aufgebaut werden. Dies sind ein maschineninternes Meßsystem, das direkt in der Drehmaschine installiert wird, ein Koordinatenmeßgerät, das als eigenständige Zelle analog zu den Bearbeitungszellen aufgebaut und automatisiert wird und ein in den mobilen Roboter integriertes Wellenmeßgerät, zum materialflußintegrierten Prüfen von Wellenteilen.

Für die Fertigung des Flanschdeckels und des Gehäusebodens sieht die Prozeßkette so aus, daß Werkstücke in die Meßzelle mit dem Koordinatenmeßgerät oder mit dem in die Werkzeugmaschine integrierten Meßtastersystem gemessen werden. Das auf dem Koordinatenmeßgerät zu messende Werkstück wird mit Hilfe des FTS zur Meßzelle transportiert. Nach Auswertung der Messung wird das nächste Teil des Loses auf der Bearbeitungsmaschine gefertigt und mittels Meßtaster eine Verifikation eventuell vorgenommener NC-Programmkorrekturen durchgeführt.

Für eine Meßzelle sind gemäß Bild 51 die Schnittstellen für den Material- und den Informationsfluß zur Fertigungsumgebung hin aufzubauen.

Für den zellenübergreifenden Materialfluß wird das FTS verwendet. Innerhalb der Zelle sind Handhabungsaufgaben an den Werkstücken, den Vorrichtungen und den Tastköpfen auszuführen. Für diese Aufgaben wird neben speziellen Handhabungsgeräten wie einem Tastermagazin oder einem Spannpalettenförderer der mobile Roboter eingesetzt, da der zeitliche Umfang dieser mit hohen Flexibilitätsanforderungen hinsichtlich der Werkstücke versehenen Handhabungsaufgaben relativ gering ist und damit wirtschaftlich der Einsatz eines stationären Industrieroboters nicht in Frage kommt.

Voraussetzung für die Automatisierung der Werkstückhandhabung ist ein von einem Roboter ausführbarer Rüst- und Spannvorgang. Das bedeutet, daß die Spannvorrichtungen zum automatischen Aufspannen der Werkstücke so zu konstruieren sind, daß sie von einem Industrieroboter sowohl montiert als auch bedient werden können.

Ein wesentlicher Einfluß auf die Meßunsicherheit ist die Temperaturdehnung des Werkstücks aufgrund des Energieeintrags beim Bearbeiten. Zu Beginn der Messung wird diese automatisch durch Temperaturmessung erfaßt und eine Korrektur der Meßergebnisse errechnet.

Das Tastermagazin des Koordinatenmeßgerätes ist automatisiert und mittels Industrieroboter beschickbar. Damit können die Taster wie Werkzeuge und Vorrichtungen im Materialfluß des Systems eingegliedert werden.

Von seiten der informationstechnischen Einbindung wird die Meßzelle über einen Zellenrechner an das Werkstattsteuerungssystem angekoppelt. Zelleninterne Steuerungen führen die einzelnen Funktionen aus. Die Auswertungen der Messungen werden vom Steuerrechner des CNC-Koordinatenmeßgerätes durchgeführt. Hier werden auch der DMIS-Postprozessor und die Betriebsmittellogistik für die Taster installiert.

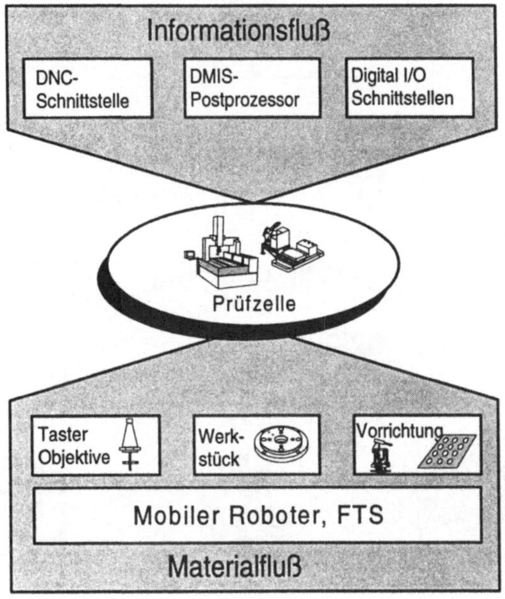

Bild 51: Hilfsfunktionen in einer Koordinatenmeßzelle

Das zweite für diese Teilegruppe wesentliche Meßgerät ist das werkzeugmaschineninterne Meßsystem. Das Automatisierungspotential beim Einsatz solcher Meßtaster als prozeßintermittierende Meßmittel beschränkt sich auf die Referenzierung des Wegmeßsystems der Bearbeitungsmaschine, in der der Taster eingesetzt wird. Die Ankopplung des Meßtasters an die Steuerung der Werkzeugmaschine findet über eine geeignete serielle Schnittstelle statt.

Zur Kompensation der Temperaturausdehnung des Maschinenbettes sowie zur Kalibrierung des Meßtasters wird ein Lehrring verwendet, der im Spannfutter eingespannt wird. Dieser Vorgang kann mittels eines Handhabungsgeräts automatisiert werden, so daß eine Kalibrierung des Meßsystems vollautomatisch auch während des Prozesses stattfinden kann.

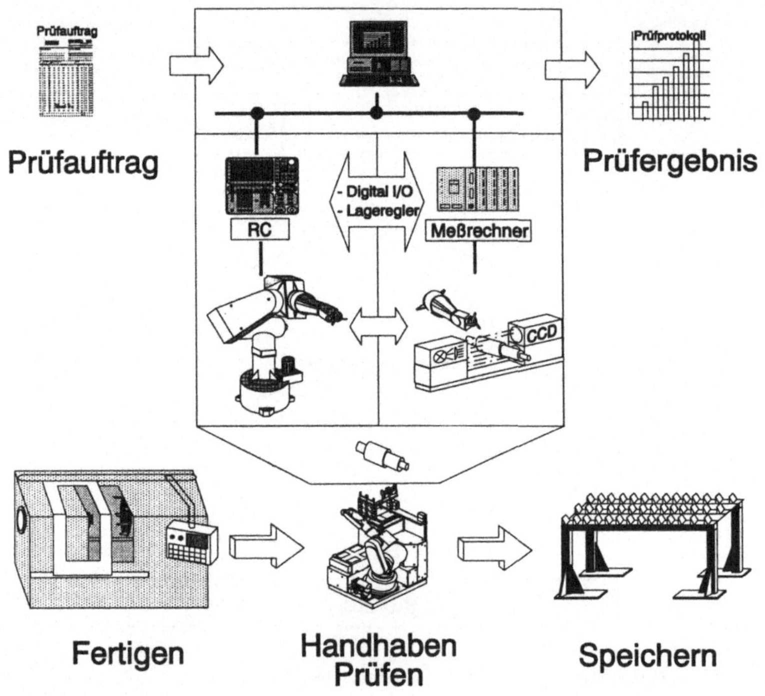

Bild 52:   Aufbau eines materialflußintegrierten Wellenmeßplatzes

Die zweite Teilegruppe stellen die Wellenteile dar. Um kurze Reaktionszeiten auf Bearbeitungsfehler zu gewährleisten, wird das Wellenmeßgerät in die Beschickungsfunktion der Drehmaschine integriert. Die Beschickungsfunktion übernimmt in dem beschrieben System der mobile Roboter. Das optische Meßgerät wird dazu in den mobilen Roboter integriert.

Wie aus dem Konzeptbild (Bild 52) hervorgeht, werden dazu die Steuerungen des Roboters und des Meßgerätes so miteinander verknüpft, daß eine Koordination zur Durchführung der Messung möglich ist. Weiterhin müssen Kopplungen zwischen dem Wegmeßsystem des Meßgerätes und der Lageregelung des Roboters geschaffen werden, um eine maximale Funktionsintegration zu erreichen.

Die Auswertung des Meßergebnisses findet in der Zellensteuerung statt. Materialflußfunktionen über die Handhabung des Werkstücks hinaus fallen nicht an, da das Gerät nicht gerüstet werden muß. Der Kalibriervorgang beschränkt sich auf die Messung einer Referenzwelle.

5.2.4 Zusammenfassung und Bewertung

In den vorausgegangenen Abschnitten wurde das Prüfsystem für ein FFS auf Grundlage des gefertigten Teilespektrums konzipiert. Damit liegen die Prüffunktionen, in deren Mittelpunkt die einzelnen Prüfmittel stehen, sowie die notwendigen Peripheriefunktionen fest. Das methodische Vorgehen bei dieser Festlegung, das im ersten Schritt ausschließlich an dem gefertigten Teilespektrum orientiert ist, führt aufgrund der Struktur des Klassifizierungssystems zu einer Minimierung der Anzahl notwendiger Prüfmittel. Das strukturierte Vorgehen bei der Anordnung und Konfiguration der Prüffunktionen im FFS führt zu einem optimalen Prüfsystemaufbau.

5.3 Realisierung des Prüfsystems und Einbindung in das FFS

In diesem Abschnitt wird dargestellt, wie das in Abschnitt 5.2.3 geplante Prüfsystem in das beschriebene FFS integriert wird. Dazu wird zunächst die Realisierung der einzelnen Meßfunktionen dargestellt, die das Prüfsystem bilden. Wesentlich ist dabei der Aspekt der Integration der einzelnen Prüffunktionen in die flexible Fertigungsumgebung.

5.3.1 Aufbau einer Prüfzelle mit einem Koordinatenmeßgerät

Die in Abschnitt 5.2.3.3 konzipierte Koordinatenmeßzelle im FFS ist eine eigenständige Prüfzelle, deren Kernmaschine ein Koordinatenmeßgerät ist. Durch entsprechenden Aufbau des Prüfplatzes wird eine angepaßte Integration des Koordinatenmeßgerätes in das Material- und Informationsflußsystem sowie in die Umweltbedingungen der Werkstatt realisiert. Die notwendigen Einrichtungen zur Automatisierung der Zellenabläufe und einem zumindest zeitweise autonomen Agieren werden im folgenden dargestellt.

Bild 53: Koordinatenmeßzelle mit mobilem Roboter beim Aufspannen eines Werkstücks

Beschrieben werden grundsätzliche Lösungsmöglichkeiten für die Problematik der Einbindung und Automatisierung am Beispiel eines speziellen Koordinatenmeßgeräts. Entwicklungen am Koordinatenmeßgerät in bezug auf dessen Verträglichkeit mit den Umweltbedingungen (Luftverschmutzung, Schwingungen, Temperatureinfluß) der Werkstatt finden nicht statt, da speziell in diesem Bereich bereits intensive industrielle Anstrengungen unternommen werden [36][43][47].

Die folgenden Abschnitte sind unter den Aspekten der materialflußtechnischen Integration der Zelle in das Fertigungsumfeld, der Automatisierung der Werkstückbeschickung und des Zellensteuerungskonzepts gegliedert.

5.3.1.1 Materialflußtechnische Integration

Im Flexiblen Fertigungssystem agiert das FTS als einziges zellenübergreifendes Transportmittel. Es transportiert auf konfigurierbaren Paletten Werkstücke und Betriebsmittel. Eine weitere wichtige Aufgabe des FTS stellt der Transport des mobilen Roboters dar, der Roboter auch vom FTS aus Handhabungsaufgaben ausführen kann.

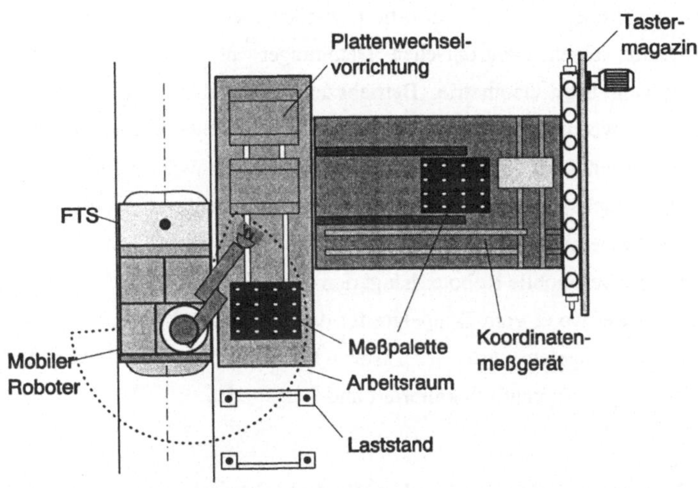

Bild 54: Layout einer Zelle mit integriertem Koordinatenmeßgerät

Bild 54 zeigt das Layout der Koordinatenmeßzelle. Die zentrale Komponente bildet ein CNC-gesteuertes Koordinatenmeßgerät mit optischem und mechanischem Tastkopf. Die zu messenden Werkstücke werden hauptzeitparallel außerhalb des Arbeitsraums auf Meßpaletten aufgespannt, die mittels einer

Palettenwechselvorrichtung automatisch in den Arbeitsraum eingefahren werden. Die Werkstücke werden entweder auf einer Palette angeliefert, die auf dem Laststand abgesetzt wird, oder befinden sich auf dem am FTS montierten Teilemagazin. Der mobile Roboter, der für alle Handhabungsaufgaben in der Zelle eingesetzt wird, agiert hier ausschließlich vom FTS aus, da die Handhabungszeiten relativ zu den Meßzeiten kurz sind. Der mobile Roboter und das FTS binden die Zelle somit an den globalen Materialfluß in der Fertigungshalle an.

Das Koordinatenmeßgerät besitzt eine automatische Tasterwechseleinrichtung. Die Taststifte werden in einer beliebigen Konfiguration auf einer Adaptionsplatte befestigt, die vom Tastkopf der Maschine magnetisch gehalten wird. Zur Magazinierung der Taster dient ein Kettenmagazin außerhalb des Arbeitsraumes, in das die Taster wahlfrei einsortiert werden. Jeder Taster trägt zu seiner Identifikation einen elektronischen Datenträger an seinem Schaft, der die Informationen über Geometrie, Betriebszeit und Kalibrierung trägt. Um die Taster auszuwechseln, verfährt das Koordinatenmeßgerät in eine Wechsel- position, wo ein Doppelgreifer die Taster austauscht. Werden für die Messung eines Werkstücks spezielle Tasterkonfigurationen benötigt, werden diese im Betriebsmittelbereich vormontiert und mit der Werkstückpalette zur Meßzelle transportiert. Der mobile Roboter hängt den neuen Taster in eine Vorrichtung auf der Meßpalette, wo er vom Doppelgreifer des Magazins übernommen und in die Magazinkette eingelegt wird. Der Taster wird anhand der Kalibiervorschrift auf dem Datenträger automatisch kalibriert und freigegeben.

5.3.1.2 Automatisierung bei der Werkstückbeschickung

Für die Aufspannung der Werkstücke auf den Meßpaletten durch den mobilen Roboter wurde ein Spannbaukasten entwickelt. Diese Vorrichtungen sind so automatisiert, daß sie sowohl vom Roboter auf den Meßpaletten fixiert werden können, als auch die Bedienung der Spannelemente über elektrische Signale von der Robotersteuerung aus erfolgen kann. In Bild 55 sind einige Elemente des entwickelten Spannbaukastens dargestellt.

Die Grundelemente, auf denen die verschiedenen Vorrichtungen von der Betriebsmittelmontage konfiguriert werden, werden vormontiert auf einer FTS-Palette in die Zelle gebracht. Mittels eines speziellen Werkzeugs werden die Grundelemente vom Roboter so gegriffen, daß sich der Verriegelungsmechanismus öffnet. Durch Aufstecken der Vorrichtungen auf die Meßpalette und Verriegeln wird die Spannvorrichtung konfiguriert.

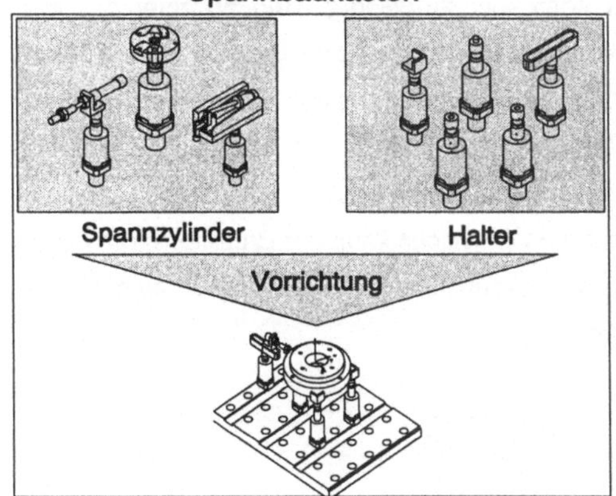

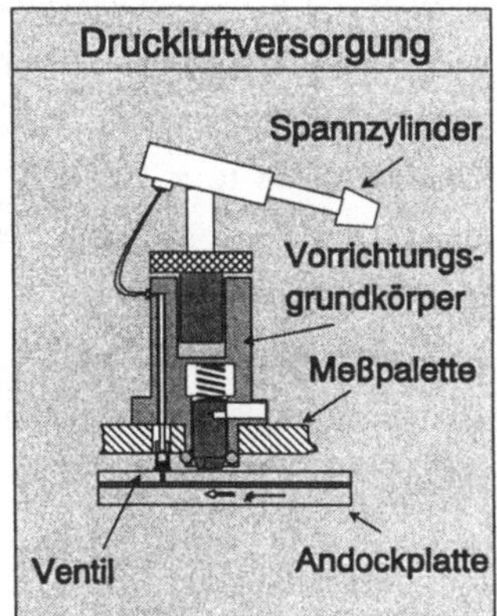

Um ein Werkstück spannen zu können, muß eine entsprechende Kraft aufgebracht werden. Da die Paletten bewegt werden, wäre eine permanente Energieversorgung nur mit erheblichem Aufwand zu realisieren. Die Spannkraft wird daher mit Federn als Energiespeicher aufgebracht. Ein Pneumatikzylinder entspannt die Vorrichtung. Die dazu notwendige Druckluftversorgung wird, wie im Bild 55 gezeigt, mit einer Andockvorrichtung realisiert. Soll ein Werkstück aufgespannt werden, wird die Druckluftversorgung angedockt damit der Roboter über ein elektromagnetisches Ventil die Spannvorrichtung bedienen kann. In der Andockvorrichtung sind auch elektrische Kontakte integriert, die Signale von Sensoren in den Vorrichtungen an die Robotersteuerung weiterleiten.

5.3.1.3   Berührungslose Werkstücktemperaturerfassung

Ein weiteres Problem beim dimensionellen Messen von Werkstücken unmittelbar im Fertigungsumfeld stellt die Erfassung der Werkstücktemperatur dar [100][52][40]. Die sich aus Temperaturdifferenzen ergebende Volumendehnung kann, unter der Annahme einer homogenen Temperaturverteilung, zwar relativ einfach rechnerisch korrigiert werden, die automatisierte Erfassung der Temperatur mittels taktiler Meßgeräte ist aber speziell bei einer hohen Flexibilität hinsichtlich der Werkstückgeometrien sehr aufwendig. Bild 56 zeigt das neu entwickelte Verfahren zur berührungslosen Temperaturerfassung mittels Pyrometer. Die Problematik liegt hier vor allem im stark streuenden, geringen Emissionsgrad (ε = 0,28-0,6) blanker Metalloberflächen, die die Genauigkeit einer direkten Messung stark herabsetzen. Durch Aufsprühen eines graphithaltigen Schmierstoffes auf die Oberfläche kann der Emissionsgrad derart verbessert werden (ε = 0,98), daß unabhängig vom Werkstoff eine exakte Temperaturerfassung möglich wird.

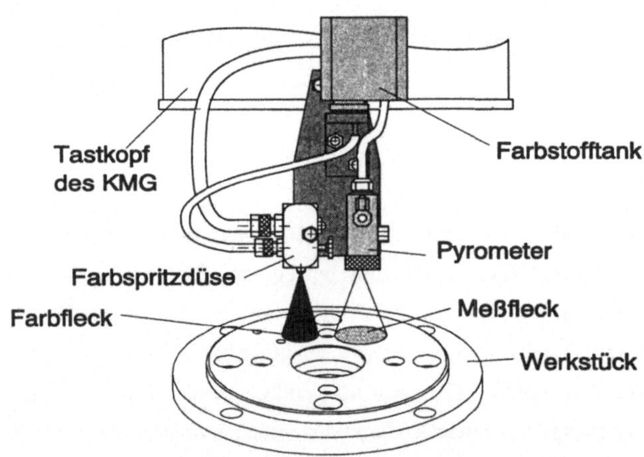

Bild 56: Berührungslose Temperaturmessung mit einem Pyrometer

Am Tastkopf des Koordinatenmeßgerätes befindet sich eine Düse, mit der ein Fleck in der Größe der Meßfläche auf dem Werkstück aufgebracht wird. Das neben der Düse montierte Pyrometer wird zur Temperaturererfassung, die etwa 0,06s dauert, vom Koordinatenmeßgerät über den Farbfleck bewegt.

Dieses Verfahren erlaubt, aufgrund der kurzen Meßzeit, die Erfassung der Werkstücktemperatur durch Messung an mehreren Meßpunkten. Es ist damit in bezug auf seine Flexibilität und Geschwindigkeit den heute üblichen Verfahren zur Meßwerterfassung deutlich überlegen.

5.3.1.4 Steuerungsstruktur der Zelle

Die konzipierte Zelle besitzt steuerungstechnisch eine komplexe Struktur. Die hohe Anzahl an Komponenten und deren z.T. hoher Kommunikationsbedarf stellt dabei das Hauptproblem dar. Knotenpunkt des Netzes ist die Steuerung des Koordinatenmeßgerätes. Sie ist über eine serielle Schnittstelle direkt mit dem Zellenrechner gekoppelt, der die Koordination der Zellenaktionen durchführt. Die Tasterwechseleinrichtung und die Palettenwechselvorrichtung sind über eigene, speicherprogrammierbare Steuerungen mit dem Koordinatenmeßgerät verbunden. Der mobile Roboter, der temporär als Zellenkomponente betrachtet wird, wird von einem selbständigen Zellenrechner gesteuert, der mit dem Zellenrechner der Meßzelle kommuniziert.

Wesentlich für das beschriebene System ist der auf dem Steuerungsrechner der Koordinatenmeßmaschine installierte Postprozessor für in DMIS-Code geschriebene Meßprogramme. Der Zellenrechner iniziiert die Übersetzung der DMIS Meßprogramme in die Steuerungsbefehle durch einen neu entwickelten DNC-Befehl. Den Postprozessor in die Maschinensteuerung zu verlegen, erleichtert aus der Sicht der Fertigungssteuerung das Umplanen auf ähnliche Meßgeräte.

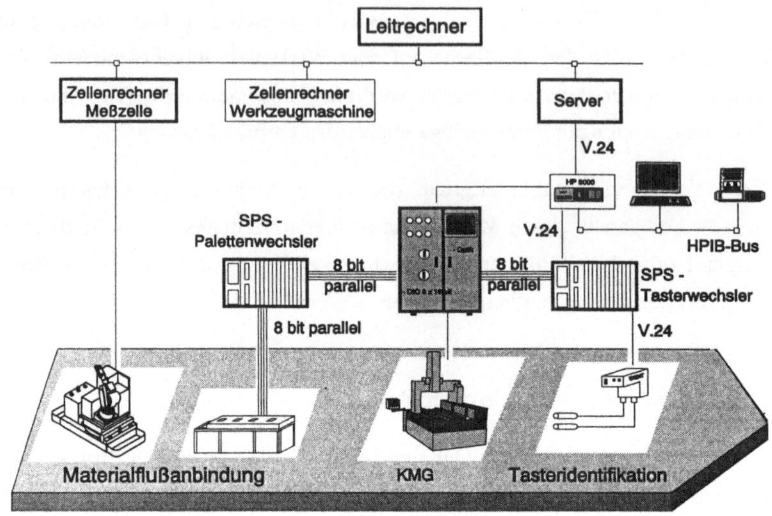

Bild 57: Steuerungsstruktur der Koordinatenmeßzelle

5.3.2   Automatisierung eines prozeßintermittierender Messungen

Bei dem zweiten realisierten Meßsystem handelt es sich um einen in die Werkzeugmaschine integrierten schaltenden Tastkopf zur Erfassung der Werkstückgeometrie. Die steuerungstechnische Anbindung solcher Meßsysteme ist bei modernen Werkzeugmaschinen mit Mikroprozessorsteuerung zumeist Standard. Bei diesen Meßsystemen besteht die Gefahr, daß systematische Fehler in der Längenmessung, die in der Meßkette des Lageregelkreises der Werkzeugmaschine liegen, aufgrund der Nutzung desselben Wegmeßsystems nicht erkannt werden. Ein anderer wesentlicher Fehlereinfluß liegt im Temperaturgang des Maschinenbettes. Daher muß das Meßsystem in bestimmten Zeitabschnitten kalibriert werden.

Zur Referenzierung des Meßsystems wird im Falle der Drehmaschine ein Lehrring in das Spannfutter gespannt, der vom Meßtaster gemessen wird. Aus dem Meßergebnis und aus der Kenntnis des Ringdurchmessers werden

Korrekturfaktoren berechnet. In diesem Vorgang liegt ein erhebliches Automatisierungspotential. Der Lehrring wird (Bild 58) im Bereich des Handhabungsgeräts der Werkzeugmaschine gelagert. Soll das Meßsystem referenziert werden, wird ein NC-Programm gestartet, das den Roboter veranlaßt, den Lehrring in das Spannfutter einzulegen und das Kalibrierprogramm abzuarbeiten. Bei dem Kalibierprogramm handelt es sich um ein NC-Programm, das die Korrekturfaktoren selbstständig errechnet und in reservierte Variablenspeicher der Maschinensteuerung einträgt. Damit stehen die Korrekturfaktoren für spätere Messungen von Werkstücken zur Verfügung.

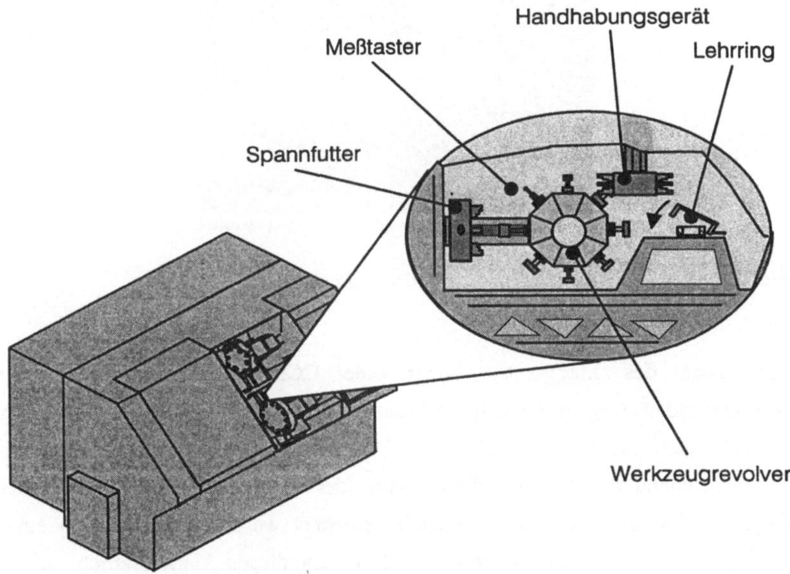

Bild 58: Meßsystem mit Lehrring zurKalibrierung und Handhabungsgerät

5.3.3 Aufbau eines materialflußintegrierten Wellenmeßplatzes

Wellen, wie sie zum Beispiel als Antriebswelle der Axialkolbenpumpe verwendet werden, haben bei der Bearbeitung auf der Drehmaschine eine kurze Stückzeit.

Eine gezielte Reaktion auf Fertigungsfehler, speziell bei kleinen Losgrößen, muß daher unmittelbar im Anschluß an den Fertigungsprozeß stattfinden. Dazu wurde ein Meßgerät entwickelt, das eine in den Vorgang der Maschinenbeschickung integrierte Messung des Werkstücks erlaubt.

Bild 59:   Der Roboter beim Messen eines Wellenteiles

Die Basis des Meßgerätes bildet eine CCD-Zeilenkamera mit einer entsprechenden Gegenlichtquelle. Wird ein Gegenstand in den Lichtvorhang gebracht, wirft dieser einen Schatten auf die CCD-Kamera. Durch Auswertung des entstehenden Grauwertbildes kann der projezierte Querschnitt des Gegenstandes in einer Auswerteeinheit berechnet werden. Zum Messen eines rotationssymmetrischen Gegenstandes führt man diesen kontinuierlich an der Kamera vorbei. In Intervallen wird der Querschnitt des Gegenstandes gemessen. Die Längenmessung findet über ein zweites Meßsystem statt. Aus den Meßwertpaaren wird die Kontur der Welle rechnerisch zusammengesetzt.

Zur Beschickung und Entsorgung der Drehmaschine im FFS wird, wie bereits beschrieben, ein mobiler Roboter eingesetzt. Er greift die Welle mittels eines speziellen Greifsystems und legt sie auf einer Transportpalette ab. Das beschriebene Meßsystem ist so auf dem mobilen Roboter montiert, daß die im

Greifer fixierte Welle zwischen Beleuchtung und Kamera hindurchgeführt werden kann (Bild 59). Dabei werden die Signale des inkrementellen Winkelgebers der dritten Achse des Roboters so aufbereitet, daß sie proportional zum linearen Verfahrweg entlang der Wellenachse sind. Die Meßgerätesteuerung nimmt pro Längeninkrement einen Durchmesserwert für die Welle auf. Nach Abschluß der Meßwertaufnahme werden die Meßwertpaare als Datei über ein Funkethernet zum Auswerterechner übertragen, der die Wellenkontur berechnet und das Fertigungsergebnis mit einem Meßprogramm beurteilt.

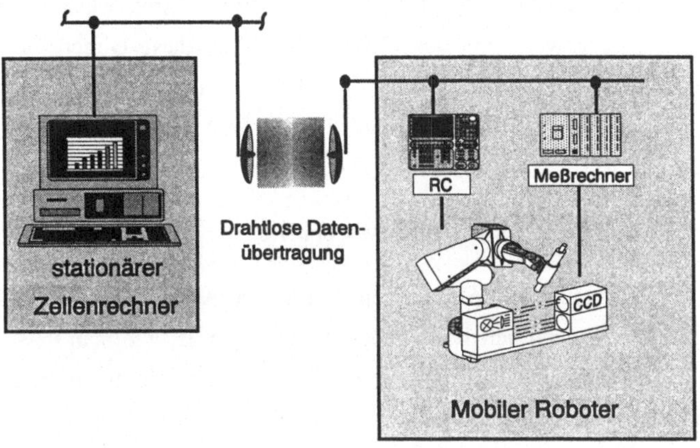

Bild 60: Datenfluß des materialflußintegrierten Wellenmeßplatzes

Um eine derartige Meßwertaufnahme durchzuführen, ist eine Kopplung der Roboter- und Meßgerätesteuerung, sowohl über die Digital I/O als auch über die DNC-Schnittstellen notwendig. Die Steuerung des gesamten Meßaufbaus führt der Zellenrechner durch. Nach dem Start der Messung wird von diesem das Bewegungsprogramm und eine bahnspezifische, durch Simulation berechnete Korrekturtabelle für das Wegmeßsystem in die Steuerungen geladen. Durch digitale Signale verriegeln sich die Steuerungen gegenseitig während der Messung (Bild 60).

Zur Umsetzung der Meßdaten in ein entsprechendes Prüfergebnis muß eine rechnerische Auswertung vorgenommen werden. Bei einer Wellenkontur sind vor allem die funktionsrelevanten Geometrien wie Einstiche, Lagersitze oder Kegel für eine Auswertung von Interesse. Betrachtet man die ermittelten Rohdaten, so müssen diese zunächst mit entsprechenden Algorithmen aufbereitet werden.

Der hier vorgestellte Meßgeräteaufbau beschränkt die Meß- und Auswertemöglichkeiten auf einen achsparallelen Schnitt der Welle, da sie während der Messung nicht in axialer Richtung gedreht wird. Somit sind Lagebezüge zwischen verschiedenen Geometrieelementen sowie Formabweichungen nicht ermittelbar. Eine Erweiterung des Meßverfahrens um diese Dimension ist aber denkbar und im wesentlichen durch den Anbau eines axialen Antriebes mit Winkelgeber an den Greifer des Roboters zu realisieren.

5.3.4   Zusammenfassung und Bewertung

In den vorausgegangenen Abschnitten wurde der Aufbau der Prüffunktionen eines Prüfsystems detailliert beschrieben. Gezeigt wurde, wie man verschiedene Prüfmittel so Flexible Fertigungssysteme einbindet, daß sie einen an die Fertigungsumgebung angepaßten Automatisierungsgrad hinsichtlich des Materialflusses und des Meßprozesses besitzen. Dabei ist wesentlich, daß Prüffunktionen nicht immer eigenständige Zellen des FFS sein müssen sondern auch in Materialfluß- oder Bearbeitungsfunktionen integriert werden können. Die Komplexität, die aufgrund dieser Funktionsintegration entsteht, ist steuerungstechnisch beherrschbar.

5.4   NC-Programmier- und Simulationssystem für Koordinatenmeßgeräte

Am Beispiel eines Koordinatenmeßgerätes wird der Aufbau und der notwendige Leistungsumfang eines gemäß des in Abschnitt 4.3.2 beschriebenen Konzepts aufgebauten NC-Programmier- und Simulationssystems für Meßvorgänge auf dargestellt.

In diesem Abschnitt werden die Funktionen des NC-Programmier- und Simulationssystems USIMEß (Universelles **S**imualtionssystem für **Meß**geräte) beschrieben. Nach einer kurzen Darstellung der Struktur des Systems folgt die Beschreibung der Funktionalität, die sich am Ablauf der Programmierung eines NC-Meßprogramms orientiert. Zum Abschluß wird eine Bewertung des Systems, des realisierten Umfangs und der Methodik vorgenommen.

5.4.1   Struktur und Aufbau des Systems USIMEß

Das NC-Programmier- und Simulationssystem USIMEß ist ein Softwarewerkzeug, das auf dem Simulationskern USIS (Universelles **S**imulations-System) aufbauend zur Programmierung und Simulation von Meßprogrammabläufen dient. USIS stellt dazu eine graphische Oberfläche zur Verfügung, in der Objekte, die Volumen repräsentieren, dargestellt und koordiniert bewegt werden können. USIS stellt bereits einen umfangreichen Katalog von Modellen üblicher Handhabungsgeräte für den Zellenaufbau zur Verfügung (Bild 61).

Im ersten Schritt wird das Meßgerät für die Simulation unter USIS modelliert. Die Vorgehensweise beim Modellaufbau ist, zunächst mit einem CAD-System ein Geometriemodell der Meßmaschine zu erstellen und es in ein vom Simulationssystem verarbeitbares Datenformat zu konvertieren. Im zweiten Schritt der Modellierung des Meßgerätes legt man das Kinematikmodell fest, indem die beweglichen Teile und deren Freiheitsgrade definiert werden.

Der dritte Schritt ist die Abbildung der Steuerung hinsichtlich des Befehlsumfangs des Koordinatenmeßgerätes und der Peripherieeinrichtungen. Die Entwicklung einer ensprechenden Systemoberfläche für die NC-Programmierung bildet dabei einen Schwerpunkt des Konzepts. USIS besitzt bereits Strukturen für die Programmierung von Robotern im Dialog mit dem Benutzer. Die Komplexität der Befehlsstruktur von Meßgeräten ist besonders hoch, da das Messen von Punkten neben dem Anfahren der Position einen entsprechenden

Annäherungs- und Rückzugsweg, Geschwindigkeitsparameter und eine Auswerteroutine benötigt. Für das NC-Programmiersystem wurde daher der Parser
von USIS ergänzt und dem höheren Umfang und der gewachsenen Komplexität
der Befehlsstruktur angepaßt. Die für den Benutzer sichtbare Oberfläche des
Systems ist menüorientiert in Fenstertechnik aufgebaut.

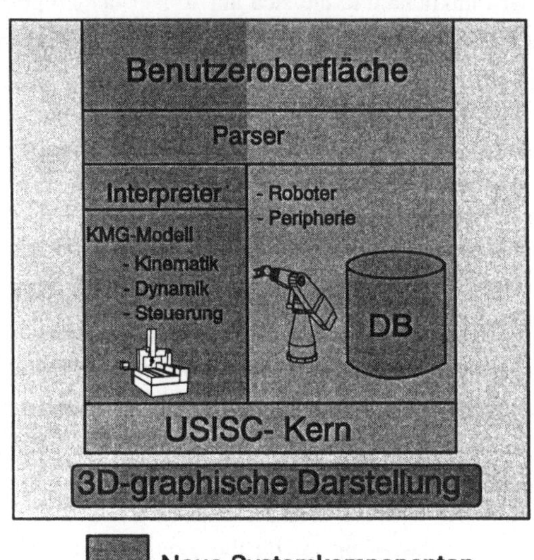

*Bild 61: Systemaufbau des graphisch interaktiven NC-Programmier- und
Simulationssystems USIMEß*

5.4.2   Vorgehen beim NC-Programmieren für ein KMG

Ziel des beschriebenen NC-Programmiersystems ist, den NC-Programmierer
optimal bei der Off-line Programmierung zu unterstützen, so daß die Qualität der
NC-Programme vor allem hinsichtlich der Rate der Programmierfehler verbessert
wird.

Voraussetzung für die NC-Programmierung ist ein strukturierter Prüfplan, der zusammen mit den Fertigungsunterlagen und einem 3D-CAD-Modell des Werkstücks vorliegt.

Einen ersten wesentlichen Schritt stellt dabei die vollständige und wirklichkeitsgetreue Abbildung der im Meßraum der Koordinatenmeßmaschine enthaltenen Gegenstände und Vorrichtungen dar. Bild 63 zeigt das auf der Meßpalette aufgespannte Werkstück, wie es in den Meßraum eingefahren wird.

Vor Beginn der Programmierung wird zunächst aus einem Spannbaukasten, der in einer Datenbank dem Programmiersystem hinterlegt ist, eine für das Werkstück geeignete Vorrichtung zusammengestellt. Das Ergebnis dieses Vorgangs ist gleichzeitig der Montageplan für die Vorrichtung.

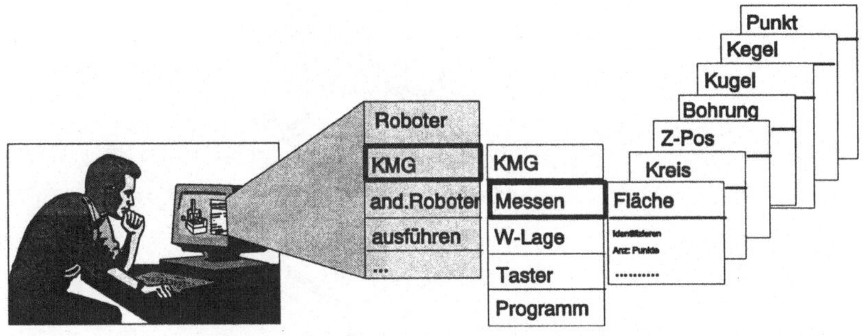

Bild 62: Menüorientiertes NC-Programmieren und -Simulieren mit USIMEß

Der erste Schritt bei der Programmierung ist die Festlegung des Werkstückkoordinatensystems, die sogenannte W-Lage, die für sämtliche geometrischen Bezüge sowie für die Steuerung des Meßtasters von Bedeutung ist. Die Festlegung des Werkstückkoordinatensystems findet durch Messung charakteristischer Geometrien und die daran orientierte Transformation des Koordinatensystems statt. Dazu wird zunächst eine geeignete Tasterkombination ausgewählt. Die verfügbaren Tasterkombinationen stehen ebenfalls in einer

Datenbank zur Verfügung, die auch entsprechende Einzelelemente enthält, mit denen Spezialtastköpfe konfiguriert werden können.

Im Anschluß daran beginnt die Programmierung für die einzelnen Geometrieelemente. Im Falle des abgebildeten Werkstücks werden die Zylinder, die die Lagerbohrung bilden, das Bohrbild für die Flanschverschraubung und die Absätze für die Zentrierung gemessen. Die Ergebnisse der Messung werden mathematisch ausgewertet und, bezogen auf das W-Lage-System, im Meßprotokoll ausgegeben.

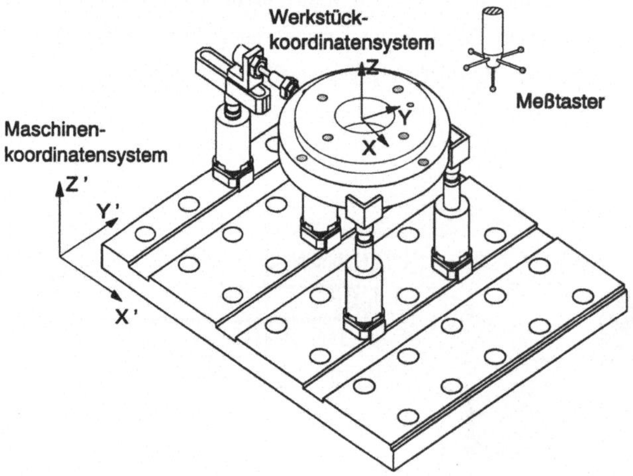

Bild 63: Aufgespanntes Werkstück mit den Basiskoordinatensystemen

Zur Erstellung des NC-Programms verwendet der NC-Programmierer Geometrieelemente, denen Sequenzen von Bewegungs- und Meßbefehlen zugeordnet sind. Zur Programmierung wählt man die zu messende Geometrie mit der Mouse an drei Punkten an. Der angewählte Taster führt dann die notwendigen Bewegungen für die Messung aus. Ist der Programmierer mit der Bewegungsfolge einverstanden, gibt er den Meßbefehl frei. Das System trägt den Meßbefehl in das Meßprogramm ein.

Nach Abschluß der Abtastung der Geometrie muß noch eine Auswertung von Maßbezügen vorgenommen werden. Der Programmierer verwendet dazu ein Menü mit Auswertefunktionen. Durch Anwählen der Geometrien definiert er, welche Maße zueinander in bezug gesetzt werden sollen und gibt die Auswertefunktion vor.

5.4.2.1 Bestimmung des Werkstückkoordinatensystems

Im vorausgegangen Abschnitt ist bereits die zentrale Bedeutung der W-Lage für die Steuerung des Koordinatenmeßgerätes, die Interpretierbarkeit des Meßergebnisses und die Vergleichbarkeit mit den Zeichnungsmaßen herausgestellt worden. Um den geometrischen Hintergrund aufzuklären, ist in Bild 64 schrittweise die Transformation der Koordinatensysteme an einem Beispielwerkstück dargestellt.

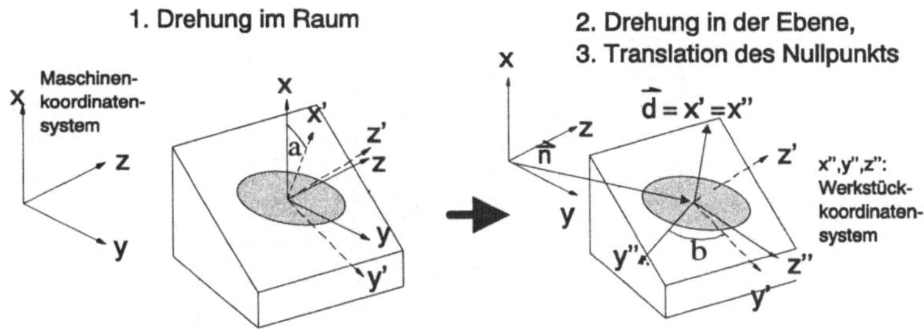

Bild 64: Transformationen zur Ermittlung des Werkstückkoordinatensystems

Um ein W-Lage-Koordinatensystem zu finden, wird das Koordinatensystem zunächst so gedreht, daß die Y/Z-Ebene in der Referenzebene des Werkstücks liegt. Mit einer zweiten Drehung um die X-Achse des Koordinatensystems wird es in der Ebene ausgerichtet. Um die Maßbezüge herzustellen, wird der Ursprungspunkt translatorisch in den Werkstücknullpunkt verrückt. Damit ist die Bestimmung der W-Lage abgeschlossen.

Für die verschiedenen Transformationen wird jeweils ein Geometrieelement angewählt, an dessen Hauptachse das Koordinatensystem ausgerichtet wird. Beispielsweise kann als erstes Geometrieelement eine Fläche angetastet werden. Das Koordinatensystem wird am Normalenvektor der Fläche orientiert. Nach der Berechnung der ersten Transformation wird eine zweite, senkrecht zur ersten stehende Fläche angetastet. Damit wird das Koordinatensystem in der Ebene ausgerichtet. Die Nullpunkttransformation wird in der Regel an einer charakteristischen Geometrie, wie beispielsweise einer Bohrung, vorgenommen.

5.4.2.2 Meßpunktermittlung am Beispiel einer Fläche

Das NC-Programmiersystem kennt verschiedene Meßbefehle zur Messung von Standardgeometrieelementen wie Kreisen, Zylindern oder Flächen, von denen einige in Bild 62 aufgezählt sind. Am Beispiel der Messung einer Fläche soll hier das Vorgehen bei der Programmierung dargestellt werden.

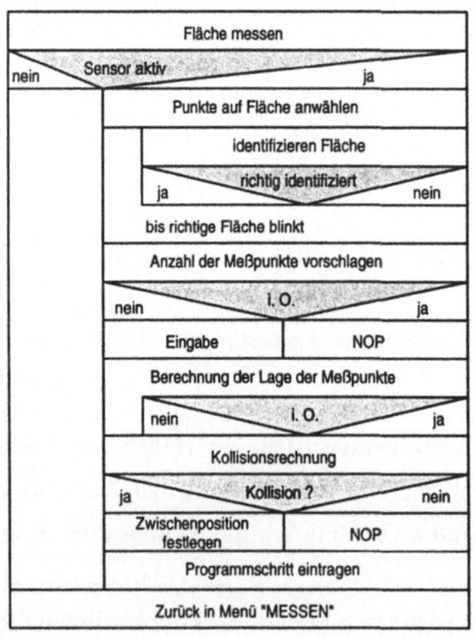

Bild 65: Struktogramm der Funktion "Fläche messen"

Zur Messung einer Fläche ist ein Dialog mit dem Benutzer notwendig, der, wie im Struktogramm (Bild 65) dargestellt, abläuft. Zunächst wählt der Programmierer das zu messende Geometrieelement, hier eine ebene Fläche, an. Zur Verifikation der korrekten Anwahl wechselt das Geometrieelement die Farbe und blinkt. Das Programmiersystem schlägt, basierend auf einem Kennfeld, eine Anzahl von Meßpunkten vor. Die Antastpunkte werden als rote Kugeln auf der Oberfläche abgebildet (Bild 66). Der Benutzer kann entscheiden, ob die vorgeschlagene Anzahl der Antastungen ausreicht. Im zweiten Schritt kann die vorgeschlagene Verteilung der Meßpunkte auf der Fläche korrigiert werden. Dies geschieht interaktiv mit der Mouse oder durch eine numerische Eingabe. Im Rahmen einer Kollisionsrechnung wird festgestellt, ob beim Anfahren der Antastpunkte Kollisionen mit dem Bauteil auftreten. Diese können dann durch Vorgabe von Bahnpunkten, sogenannten Zwischenpositionen, umfahren werden.

Bild 66: Meßpunktverteilung auf einer Fläche

In Bild 66 ist die Bildschirmdarstellung der Verteilung der Meßpunkte auf einer Fläche gezeigt. Der abgebildete Sterntaster sammelt während der Simulation die Kugeln durch Anfahren der Antastposition ein. Die erfolgreiche Programmierung des Geometrieelements kann so graphisch verifiziert werden.

5.4.3   Meßprogrammsimulation

Um den Ablauf von Meßprogrammen, die auch mit anderen Hilfsmitteln erzeugt werden können, zu visualisieren und hinsichtlich Kollisionen zu beurteilen, gibt es ein Standardmenü für die Abarbeitung von Roboter- und Meßprogrammen. Für die Simulation wird über Menüfunktionen das Layout der Meßzelle und ein Meßprogramm in den Speicher geladen. Danach wird das später an der Koordinatenmeßmaschine abzuarbeitende Meßprogramm im DMIS-Code geladen. Damit ist zum einen die Unabhängigkeit vom Programmerstellungssystem gegeben und zum anderen eine hohe Qualität des Simulationsergebnisses durch Minimierung von Schnittstellen gesichert.

Bild 67: Antastung einer Bauteilkontur in der Simulation

Auf dem Bildschirm erscheinen gleichzeitig in einem alphanumerischen Fenster das Meßprogramm und in einem Graphikfenster die Meßzelle. Mit dem Start des Programms wird die Meßmaschine initialisiert und beginnt sich zu bewegen. Der Vorgang kann aus verschiedenen Perspektiven beobachtet werden. Tritt während des Simualtionslaufes eine Kollision zwischen zwei Körpern auf, wird der Kollisionspunkt angezeigt und der Simulationslauf angehalten. Das Programm kann an jeder Stelle mit allen in den Menüs zur Verfügung stehenden

Hilfsmitteln korrigiert werden. Die Folgen eines geringfügigen Fehlers in der Werkstückaufspannung können auch simuliert werden. Damit wird ein wichtiger Beitrag zur Prozeßanalyse und -sicherheit geleistet.

5.4.4 Zusammenfassung und Bewertung

Mit dem NC-Programmier- und Simulationssystem USIMEß ist ein mächtiges Werkzeug für eine vollständige und sichere Programmierung komplexer Meßprogramme unter Berücksichtigung der gesamten Vorrichtungssituation sowie der Handlingsabläufe in der Zelle entwickelt und realisiert worden. Damit besteht die Möglichkeit, Meßprogramme vorab soweit zu testen, daß Kollisionen nur noch aufgrund unvorhergesehener Umstände auftreten können.

Durch die Benutzung der Programmiersprache DMIS ist eine weitestgehende Neutralität in bezug auf die Meßgeräte gewährleistet. Der implementierte Sprachumfang muß für den weiteren Einsatz noch erweitert werden, was aber aufgrund der Struktur des Systems unproblematisch ist.

5.5 Fertigung und Prüfung am Beispiel eines Flanschdeckels

Im folgenden soll anhand der Fertigung eines Flanschdeckels für die Axialkolbenpumpe gezeigt werden, wie die Systematik für das Prüfen von Werkstücken in den Fertigungsablauf eingreift. Dieses Werkstück ist zur Demonstration der Systematik besonders geeignet, da es aufgrund seiner komplexen Geometrie und seines großen Prüfumfangs die Leistungsfähigkeit des aufgebauten Prüfsystems und der Hilfsfunktionen im Fertigungsvorfeld weitgehend ausnutzt.

Die Fertigungsunterlagen aus der Arbeitsvorbereitung und der Prüfplan, der in den Anwendungsbeispielen der ersten Abschnitte des Kapitels 5 fertiggestellt wurde, liegen bereits vor. Der hier betrachtete Ablauf beginnt nach der Einlastung des Fertigungsauftrages. Das Fertigungsleitsystem hat den Auftrag bereits expandiert und terminiert (Bild 68). In den beiden folgenden Abschnitten werden der Fertigungsablauf und die Prüfvorgänge beschrieben und beurteilt.

5.5.1   Prüfplanerstellung

Auf den Vorgang der Prüfplanerstellung wurde bereits in Abschnitt 4.3.1 ausführlich eingegangen. Das Ergebnis der Prüfplanerstellung ist eine Anweisungsliste, aus der Prüfer den Ablauf der Prüffolgen erkennt. Da in diesem Vorgang auch im Hinblick auf das automatisierte Prüfen keine neuen Erkennisse in bezug auf die Methoden der Erstellung liegen, wird diese Funktion nicht weiter betrachtet. Für die NC-Programmierung des Meßprogramms wird das Vorliegen eines Prüfplanes vorausgesetzt.

5.5.2   NC-Programmierung des Meßprogramms

Im ersten Schritt wird das Werkstück in das System geladen und eine passende Vorrichtung auf der Meßpalette angebracht. Mit der Positionierung des Werkstücks in der Vorrichtung ist es aufgespannt.

Für das in Bild 63 dargestellte Werkstück muß, gemäß dem Prüfplan, ein Teileprogramm erzeugt werden. Zunächst wird der Programmkopf erzeugt. Hier werden die für die Messung notwendigen Taster bestimmt und geometrisch beschrieben. Die Temperaturmessung des Werkstücks wird durch Anfahren einer Position ausgelöst, in der sich das Werkstück im Blickwinkel des Infrarottemperatursensors, der in Abschnitt 5.4.2.3 näher beschrieben wird, befindet.

Die Meßprogrammierung beginnt mit der Festlegung des Werkstückkoordinatensystems (W-Lage). Da es sich um ein rotationssymmetrisches Werkstück handelt, wird das Koordinatensystem in das Zentrum der Mittelbohrung gelegt. Die Ausrichtung findet über die Ermittlung der Zylinderachse statt. Zur Messung wird ein sternförmiger Taster verwendet. Um das noch in einem rotatorischen Freiheitsgrad freie Koordinatensystem auszurichten, wird die Stiftbohrung gemessen, die im Bohrbild eine Singularität darstellt.

Mit der Festlegung der W-Lage sind die Vorbereitungen für die Messung vollständig. Durch Anwahl der einzelnen Zylinder in der Mittelbohrung und Parametrierung der Meßbefehle wird das Meßprogramm sukzessive erstellt.

Die Auswertung der Meßergebnisse bezieht sich vornehmlich auf die Lage der Zylinder und des Bohrbildes zueinander und auf die Durchmessertoleranz der Hauptbohrung.

Nach Abschluß der Meßprogrammierung wird das Teileprogramm simuliert. Beim Starten des Programms initialisiert sich die Maschine zunächst und wechselt den vorgewählten Taster ein. Im Anschluß an die Temperaturerfassung beginnt die Messung wie programmiert. Stellt das System eine Kollision des Tasters fest, z.B. wenn die direkte Verbindung zwischen zwei Meßpunkten nicht frei ist, wird diese Kollision angezeigt. Durch Einfügen einer Zwischenposition kann der Fehler unmittelbar behoben werden. Die Position wird in das Programm eingetragen und im Rahmen einer erneuten Simulation geprüft.

5.5.3   Überblick über den Fertigungsablauf

In die Fertigung wurden zwei verschiedene Aufträge eingelastet. Dabei handelt es sich jeweils um kleine Lose des Flanschdeckels und des Gehäusedeckels der Axialkolbenpumpe. Der erste terminierte Auftrag für die Drehzelle ist der Flanschdeckel. Der mobile Roboter legt die gesägten Rohteile in den Bandspeicher an der Maschine ein. Die notwendigen Werkzeuge sind vorher von einem Werker in die Maschine gerüstet worden und die Werkzeugkorrekturwerte in der Steuerung wurden entsprechend angepaßt. Nach Laden des NC-Programms und dem Aufspannen des Rohteils beginnt die Bearbeitung. Das erste Teil des Loses wird mit einem Satz neue eingestellter Werkzeuge bearbeitet. Nach dem Ende der Bearbeitung wird das Restlos vorläufig gesperrt, bis durch eine Prüfung festgestellt wurde, daß das Werkstück fehlerfrei gefertigt ist. Würde, gerade bei kleinen Losen hochwertiger Teile, an dieser Stelle die Fertigung des Restloses nicht gesperrt, würden Programmier- oder Vorrichtungsfehler u.U. hohe Fehlerfolgekosten verursachen.

Das Werkstück wird ausgeschleust und vom mobilen Roboter übernommen. Das FTS übernimmt den mobilen Roboter und transportiert ihn mit dem Werkstück zur Koordinatenmeßmaschine. Das Teil wird auf die vorbereitete Spannvorrichtung aufgespannt. Während der Zellenrechner der Meßzelle das Meßprogramm in die Maschine lädt und den Postprozessorlauf startet, wird die Palette in den Meßraum eingefahren. Die Messung beginnt mit der Erfassung der Werkstücktemperatur und der W-Lage-Bestimmung.

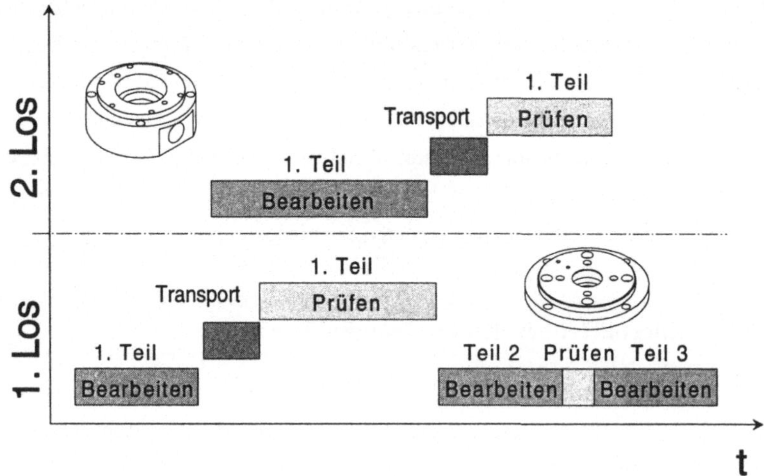

Bild 68: Fertigungsablauf für die beiden auf dem Drehzentrum eingelasteten Aufträge

Damit die Werkzeugmaschine nicht auf die Messung des Werkstücks warten muß, wird die Bearbeitung des zweiten Loses gestartet. Der Zellenrechner der Bearbeitungsmaschine speichert dazu sämtliche losspezifischen Daten des Flanschdeckels aus der Maschinensteuerung ab, da auf deren Basis die Korrekturparameter berechnet werden.

Nach Abschluß der Messung des Flanschdeckels wird ein Meßprotokoll erstellt, das der Zellenrechner an eine Auswertefunktion weiterreicht, die aufgrund der Ergebnisse über notwendige Korrekturmaßnahmen entscheidet.

5.5.4   Prüfung und Beurteilung des Fertigungsergebnisses

Die Prüfung des Fertigungsergebnisses findet, wie im vorigen Abschnitt erwähnt, auf einem Koordinatenmeßgerät statt. Geprüft wird die Geometrie der gestuften Lagerbohrung, der Zentrierabsätze und des Bohrbildes. Nicht automatisierte Prüfungen wie die Oberflächenrauhigkeitsmessung werden im Rahmen des Prüfens an der Koordinatenmeßmaschine von einem Werker ausgeführt.

Das erstellte Meßprotokoll enthält die Meßwerte zusammen mit dem Prüfergebnis. Das bedeutet, daß man aus dem Meßprotokoll ersehen kann, ob das Werkstück fehlerfrei gefertigt wurde und, falls dies nicht der Fall ist, welche Geometrien nicht imToleranzbereichen liegen.

Das Meßprotokoll wird einer vom Zellenrechner verwalteten Funktion zur Verfügung gestellt. In dieser teilautomatisch arbeitenden Funktion wird das Fertigungsergebnis mit dem Werkstückmodell verglichen und analysiert, wie ein vorhandener Fehler korrigiert werden kann [101]. Eine automatisch ausführbare Korrekturmaßnahme stellt die Änderung der Werkzeugkorrektur-Parameter in der Maschinensteuerung dar. Solche Maßnahmen werden dann in den Fortsetzungs- auftrag für die Bearbeitung des Restloses aufgenommen. Außerdem wird zur Verifikation der ergriffenen Maßnahmen eine weitere Messung der kritischen Geometrien durch den Taster in der Bearbeitungsmaschine beim ersten Teil des Restloses vorgeschrieben. Das Prüfergebnis muß von der Qualitätssicherungs- funktion ebenfalls erst freigegeben werden. Durch diesen Verifikationsprozeß wird sichergestellt, daß die Basis, auf der die Korrekturmaßnahmen vorgenommen worden sind, richtig war.

5.6   Vorteile der Systematik

In den vorausgegangenen Abschnitten sind die verschiedenen Subsysteme, die für eine durchgängige Systematik zum Prüfen in FFS konzipiert und aufgebaut wurden, beschrieben und im einzelnen bewertet worden. In diesem Abschnitt soll die gesamte Systematik kritisch betrachtet und bewertet werden. Dazu wird in zwei Schritten vorgegangen. Zunächst wird der Bereich der Arbeitsplanung und des Fertigungsvorfeldes betrachtet.

Die vorgeschlagene Systematik zum Prüfen greift organisatorisch und informationstechnisch tief in die Bereiche Konstruktion und Arbeitsplanung ein und fordert einen erheblichen Integrationswillen von seiten der Mitarbeiter sowie die Integrationsfähigkeit der Arbeitshilfsmittel. Darin und in der Anzahl und Art der Schnittstellen, die informationstechnisch notwendig sind, ist das Hauptproblem der Systematik zu sehen.

Wie aus der Bewertung der einzelnen Systemkomponenten bereits hervorgeht, besteht hinsichtlich des Ausbaus der einzelnen Bausteine und der Verallgemeinerung der Hilfsmittel noch erheblicher Entwicklungsbedarf. Am Beispiel der konzipierten qualitätsgerechten Konstruktionsmethodik zeigt sich dieser Entwicklungsbedarf besonders deutlich. Hier müssen Werkzeuge nicht nur für die Verwaltung der features sondern auch für eine gezielte Unterstützung durch den Konstrukteur geschaffen werden.

Auf dieser Basis müssen für den Prüfplaner auch entsprechende Oberflächen und Werkzeuge entwickelt werden, die die Daten aus dem generierten Werkstückmodell sinnvoll aufbereiten und den Zusammenhang zu den Fertigungsstufen deutlich herausstellen.

Auf dem Sektor der NC-Programmierung und Simulation von Meßprogrammen für Koordinatenmeßmaschinen ist das dargestellte System, im Vergleich zu den in Kapitel 2 beschriebenen, im Hinblick auf seine durch das Simulationsmodell und die Programmiersprache gegebene Maschinenneutralität, ein bedeutender Fortschritt. Von seiten der Ergonomie hebt sich das Werkzeug aufgrund der Visualisierung bei der Programmierung deutlich ab. Im Vordergrund steht dabei die Integration der Funktionen Vorrichtungsbau und Tasterkonfiguration. Die komplexe Umwelt, in der ein Koordinatenmeßgerät agiert, kann mit USIMEß vollständig abgebildet werden. Damit ist nicht nur eine höhere Programmqualität sondern auch eine kürzere Erstellungszeit zu erwarten. Die Möglichkeit der Betrachtung der gesamten Zelle erlaubt die Off-line Planung und Simulation aller Bewegungsvorgänge in der Zelle.

Die entwickelte Prüfstrategie mit drei vollständig automatisierten, flexiblen Prüfplätzen auf Werkstattebene stellt eine für die gestellten Anforderungen sinnvolle Lösung dar. Einen entscheidenden Entwicklungsschritt bei der Konzeption dieses Prüfsystems bildet die Integration der automatisierten Prüfzellen in das Flexible Fertigungssystem. Speziell die zu den Bearbeitungszellen äquivalente Koordinatenmeßzelle ist, bezüglich der Werkstück- und Rüstflexibilität, dem Fertigungsumfeld angepaßt. Die Verkettung der Zellen durch das FTS und den mobilen Roboter erweist sich als geeignet.

Zur Beurteilung der Leistungsfähigkeit der Systematik muß aber das Zusammenspiel aller dieser Komponenten betrachtet werden. Dazu wurden im Rahmen einer Untersuchung Daten über die durchschnittliche Durchlaufzeitverkürzung erhoben, die sich aufgrund der geschilderten Prüfvorbereitung bei manueller bzw. programmgesteuerter Messung ergibt (Bild 69).

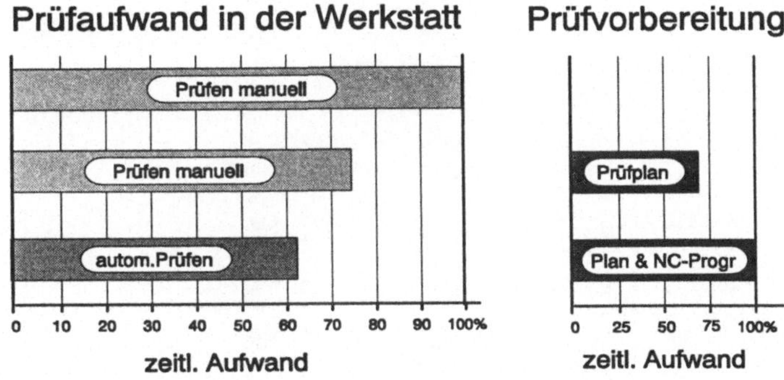

Bild 69: Effizienzsteigerung beim Prüfen durch Prüfplanung

Im Vergleich zu einer Prüfung, bei der der Prüfer den Prüfumfang selber bestimmen muß, führt eine im Fertigungsvorfeld geplante Prüfung zu einer erheblichen Verkürzung der Auftragsdurchlaufzeit in der Werkstatt und damit insgesamt zu einer Effizienzsteigerung, da die Planungszeiten parallel zu den NC-Programmierzeiten für die Bearbeitungsmaschinen liegen. Werden im Rahmen der Prüfplanung auch die Meßprogramme vorbereitet und simuliert,

sinkt durch den exakt vorgegebenen automatischen Meßablauf der Prüfzeit-
aufwand wiederum deutlich.

Das Zusammenspiel aus strukturierter und gezielt durch Rechnerhilfsmittel
unterstützter Prüfplanung sowie automatisierter Prüfung beschleunigt den
Auftragsdurchlauf in der Werkstatt und trägt damit zu einer Verbesserung der
Wirtschaftlichkeit automatisierter Produktionssysteme bei.

6 Zukünftige Entwicklungs- und Integrationsmöglichkeiten

6.1 Regelkreise zur Prozeßqualitätsverbesserung

Bereits in Kapitel 1 wurde dargelegt, daß mit der Bildung ebenen- und bereichsübergreifender Qualitätsregelkreise (Bild 70) die Zielsetzung verbunden ist, betriebliche Prozesse kontinuierlich zu verbessern und damit Kosten und Aufwendungen zu senken. Um solche Regelkreise betreiben zu können, ist eine gezielte Datenerhebung und -rückführung notwendig. FFS stellen dabei zusätzliche Anforderungen an die Erhöhung des Integrations- und Automatisierungsgrads der Datenerhebungsmethoden.

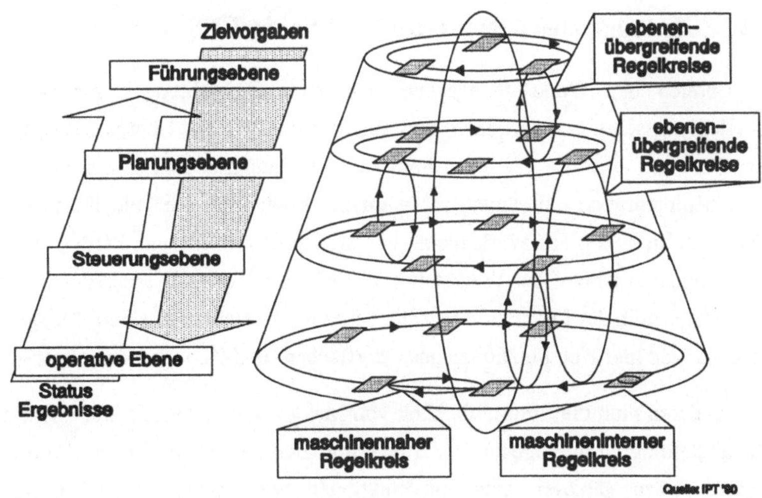

Bild 70: Ebenen- und bereichsübergreifende Qualitätsregelkreise [102]

Ziel dieser Arbeit ist es, eine durchgängige Systematik für das Prüfen in FFS und damit für die Aquisition der Prozeßdaten aufzubauen, die die Eingangsgrößen für die Qualitätsregelung darstellen. Unter Systematik wird dabei die Zusammenführung von Verfahren, Vorgehensweisen, Methoden und Geräten in der Weise verstanden, daß ein maximaler Wirkungsgrad hinsichtlich der Gesamtfunktion erzielt wird. Eine gesamtheitliche Betrachtung des Produktes unter Einbeziehung des Montageprozesses stellt dabei einen wesentlichen, weiterführenden Ansatz dar, der auch in [103] betrachtet wird.

Die weiteren Entwicklungen können auf zwei Ebenen vorangetrieben werden. Auf der Ebene des Fertigungsvorfeldes stellen die Aufhebung der Arbeitsteiligkeit durch Integration der Aufgaben und die Verkürzung der Auftragsdurchlaufzeit durch Parallelisierung der Vorgänge die wesentlichen Angriffspunkte dar. Auf der Werkstattebene sind die weiteren Entwicklungsziele in Richtung Autonomie der Zellen und Automatisierung der Abläufe zu sehen.

6.2   Integriertes Messen und Prüfen in FFS

Im Bereich der Werkstatt ergeben sich zwei Zielrichtungen für weitere Entwicklungsschritte. Zum einen muß zur Minimierung der Übergangszeiten in der Werkstatt und zur Vereinfachung der Fertigungssteuerung eine gezielte Aufgabenintegration durchgeführt werden. Dazu ist die Flexibilität der Meßgeräte in bezug auf Werkstücke und Meßverfahren, die unmittelbar in den automatisierten Ablauf der Werkstatt eingebunden werden, zu erhöhen. Ansätze dazu bestehen in der Integration verschiedener Meßverfahren in einem Meßgerät. Denkbar sind hier Kombinationen aus Oberflächen- und Koordinatenmeßgerät.

Zum anderen muß die Empfindlichkeit von Meßgeräten bezüglich Störungen der Meßabläufe durch intelligente Steuerungsstrategien im Zellenrechner vermindert werden. Dazu gehören Autonomiefunktionen wie beispielsweise das automatische Freifahren nach Kollisionen oder das automatisierte Nachkalibrieren der Taster.

Die Integration von Meß- und Prüffunktionen in Materialflußfunktionen stellt, speziell bei automatisierten Systemen eine Möglichkeit zur schnellen Messung und damit zur unmittelbaren Reaktion auf den Bearbeitungsfehler dar.

6.3 Rationelle Auftragsabwicklung im Fertigungsvorfeld

Für eine optimale Prüfplanung im Fertigungsvorfeld ist eine ganzheitliche Betrachtung aller Funktionen auf der Werkstattebene erforderlich. Das bedeutet, das im Fertigungsvorfeld ein durchgängiges Modell nicht nur der Bearbeitungs- sondern auch der Meß- und Prüfprozesse vorliegt. Die im Fertigungsvorfeld und speziell in der Arbeitsvorbereitung stark ausgeprägte arbeitsteilige Struktur wirkt sich hemmend auf die kontinuierliche Verbesserung der Fertigungsprozeßqualität aus. Speziell zwischen den verschiedenen Funktionen Arbeitsplanung und Prüfplanung, deren Trennung nicht selten zusätzlich durch die hierarchische Struktur manifestiert wird, sollte durch die Integration prüfplanerischer Tätigkeiten in die Arbeitsplanung überwunden werden.

Einen Weg zur Integration und Aufhebung der Arbeitsteiligkeit in der Arbeitsvorbereitung zeigt die 3D-graphisch interaktive Arbeitsplanung [53]. Im Hinblick auf die Integration der Erstellungsfunktionen für den Arbeits- und Prüfplan sowie die entsprechenden NC-Programmierarbeiten stellt dieses Werkzeug eine sinnvolle Basis dar.

Um Potentiale zur Durchlaufzeitreduzierung in diesem Bereich zu erschließen, ist, neben der Automatisierung der Funktionen, die Parallelisierung vor allem der Vorbereitung der Prüftätigkeiten wie der NC-Programmierung und Vorrichtungskonstruktion weiter zu verstärken. Potentiale liegen hier in Leitsystemen für die Abwicklung der Vorgänge im Fertigungsvorfeld.

7 Zusammenfassung

In dieser Arbeit wird ein ganzheitlicher Ansatz zur Systematisierung aller das Prüfen in FFS betreffenden Funktionen und Abläufe während der gesamten Auftragsabwicklung dargelegt. Ziel war, die Effizienz von Fertigungsabläufen in FFS bezüglich des Prüfens durch gezielte Maßnahmen im Fertigungsvorfeld und auf Werkstattebene zu verbessern und damit die Auftragsdurchlaufzeit zu reduzieren. Dadurch wird ein Beitrag zum Aufbau von automatischen Qualitätsregelkreisen in Form einer gezielten, flexibel automatisierten Datenerfassung der Prüffunktionen geleistet.

Im Rahmen der Situationsanalyse wurde gezeigt, daß eine rein auf die Prüffunktion in der Werkstatt bezogene Automatisierung der Meß- und Prüfgeräte hinsichtlich der Prozeßdurchführung nicht ausreichend ist. Ohne gezielte und detaillierte Vorbereitung der Prüfvorgangs ist ein automatisierter Betrieb nicht funktionsfähig. Die Systemteile Fertigungsvorfeld und Prüfsystem bedingen sich also gegenseitig.

Zunächst wurde ein dem Teilespektrum und dem Fertigungsumfeld im Hinblick auf die Flexibilität und den Automatisierungsgrad angepaßtes Prüfsystem geplant und aufgebaut. Es besteht aus den drei Prüffunktionen Koordinatenmeßzelle, maschineninternem Meßtaster und mobiler Wellenmeßplatz. Die Integration der Prüfgeräte in die Zellenstruktur des Flexiblen Fertigungssystems stand dabei im Vordergrund der Entwicklung. Dafür wurde jeweils eine Anbindung der Prüfzellen an das Materialflußsystem und eine Automatisierung der Handlingsfunktionen im unmittelbaren Umfeld der Geräte realisiert. Die informationstechnische Integration bildet das logische Bindeglied zum Fertigungssystem. Der Zellenrechner setzt die in der Arbeitsvorbereitung vorgesehenen Aktionen in der Zelle durch.

Die Systematik für das Prüfen greift im Fertigungsvorfeld bereits in der Konstruktion, die zusammen mit der Arbeits- und Prüfplanung einen Merkmalsumfang strukturieren und festlegt, der die Grundlage für die auftragsabhängige Prüfplanung ist.. Die Klassifizierung vermittelt dem Prüfplaner, welchen apparativen und kapazitiven Prüfaufwand die Konstruktion erfordert. Für den Prüfplaner wird, auf der Grundlage dieser Daten, automatisch ein Prüfmittelvorschlag erstellt, der hinsichtlich der Zusammenlegung von Prüfvorgängen optimiert ist. Die Klassifizierung der Werkstücke ermöglicht auch Analysen, beispielsweise zur Investitionsplanung für die Prüfmittel.

Um das wirtschaftliche Potential automatisierter Meßgeräte voll auszuschöpfen, wurde eine Off-line NC-Programmierung und Simulation für Meßvorgänge entwickelt. Zur Simulation des Meßablaufs werden die Stillstandszeitanteile der Prüfgeräte aufgrund falsch programmierter NC-Abläufe minimiert. Außerdem ist eine Überprüfung der Meßdatenauswertung im Rahmen der Simulation vorgesehen. Dabei wurde ein in bezug auf Art und Hersteller des Meßgeräts neutrales Simulationswerkzeug realisiert.

Daß die in den Anforderungen formulierten Ziele erreicht wurden, zeigt sich am Fertigungsbeispiel, auf das die verschiedenen, neu entwickelten Funktionen durchgängig angewandt wurden.

Resümierend kann daher festgestellt werden, daß die Systematik zum Prüfen eine zielgerichtete Lösung für einen ganzheitlichen Ansatz zum Prüfen in FFS bildet. Zukünftige Potentiale für die Anwendung und Weiterentwicklung der Systematik bestehen in der Integration in Arbeitsplanungssysteme und der technischen Verbesserung der Meßsysteme.

8 Literaturverzeichnis

/1/   N.N.: "Automobil Produktion",Sonderpublikation, 2/93, Verlag
       Moderne Industrie, Landsberg, 1993.

/2/   Milberg, J., Koepfer, T.: "Trends in der Automatisierungstechnik -
       Wettbewerbsvorteile durch Rechnerintegration", Bulletin SEV/VSE,
       9(1990), 1990.

/3/   Milberg, J.: "Wettbewerbsfaktor Zeit in Produktionsunternehmen",
       Vortrag anl. des Münchener Kolloquium 1991, Springer Verlag,
       Berlin, 1991.

/4/   N.N.: "Bausteine flexibler Fertigungssysteme", in "Produktionstechnik
       - Auf dem Weg zu integrierten Systemen", Aachener
       Werkzeugmaschinenkolloquium, VDI Verlag, Düsseldorf, 1987.

/5/   Eversheim, W.; Zeller, P.; Kloten, ,B.: "Integration der
       Prüfplanerstellung in CAD-Systeme", Qualität und Zuverlässigkeit,
       36(1991), Heft 5, Carl Hanser Verlag, München, 1991.

/6/   Imai, M.: "Kaizen, der Schlüssel zum Erfolg", Wirtschaftsverlag
       Müller-Herbig, Langen, 1992.

/7/   Womack, J.-P.; Jones, D.: "Die zweite Revolution in der Auto-
       mobilindustrie - Konsequenz aus der weltweiten Studie des MIT",
       Campus Verlag, Frankfurt/New York, 1991.

/8/   Milberg, J.; Schuster, G.: "Effizienz- und Qualitätssteigerungen bei
       Produkt- und Porduktionsgestaltun", in "Internationaler Markt, Arbeit
       und Fabrik - Mut zum industriellen Aufbruch in Ost und West",
       Tagungsband des Produktionstechnisches Kolloquium 1992, Berlin,
       1992.

/9/   Pfeifer, T.: "Untersuchung zur Qualitätssicherung - Stand und
       Bewertung, Empfehlung für Maßnahmen", PFT-Bericht, Kern-
       forschungszentrum Karlsruhe GmbH, Bericht Nr.: 155, Karlsruhe,
       1990.

/10/   Oehmke, F.: "Methodik zur Strukturplanung von Qualitätssicherungs-
       systemen", Dissertation RWTH Aachen, 1989.

/11/   Stute, G. u.a.: "Flexible Fertigungssysteme", in wt Werkstattechnik,
       64(1974), Heft: 3, Springer Verlag, Berlin, 1974.

/12/   Tuffensamer, K. Hrsg.:"Flexibles Fertigungssystem - Beiträge zur Entwicklung des Fertigungsprinzips", VCH Verlagsgesellschaft, Weinheim, 1988.

/13/   Spur, G., Stute, G., Weck, M.: "Rechnergeführte Fertigung", Carl Hanser Verlag, München, 1977.

/14/   N.N.: "Methodenlehre der Betriebsorganisation- Planung und Gestaltung komplexer Produktionssysteme", REFA Verband für Arbeitsstudien und Betriebsorganisation e.V., Carl Hanser Verlag, München, 1990.

/15/   Eversheim, W.: "Organisation in der Produktionstechnik", Band 4, Aachen, VDI Verlag, Düsseldorf, 1989.

/16/   Wiendahl, H.-P.: "Betriebsorganisation für Ingenieure", Hanser Verlag, München, 1983.

/17/   Viethen, U.: "Einsatz mobiler Roboter in der industriellen Fertigungsumgebung", in "Autonome Mobile Systeme", Vortrag 27.11.1990, 6. Fachgespräche, Karlsruhe, 1990.

/18/   Naber, H.: "Aufbau und Einsatz eines mobilen Roboters mit unabhängiger Lokomotions- und Manipulationseinheit", Dissertation TU-München, Springer Verlag, Berlin, 1991.

/19/   N.N.: "VDI -Richtline 2860: Handhabungsfunktionen, Handhabungseinrichtungen: Begriffe, Definitionen, Symbole", Entwurf 10/1982.

/20/   N.N.: "VDI-Richtlinie 2411: Begriffe und Erläuterungen im Förderwesen", 1970.

/21/   Jäger, A.: "Systematische Planung komplexer Produktionssysteme", Dissertation TU-München, Springer Verlag, Berlin, 1990.

/22/   N.N.: "VDI-Richtline 3300, Materialflußuntersuchungen", VDI-Verlag, Düsseldorf 1973.

/23/   N.N: "DIN 8580 - Fertigungsverfahren", Beuth Verlag, Köln, 1985.

/24/   Milberg, J; Groha, A: "Der Zellengedanke als Strukturierungsprinzip im Informations- und Materialfluß Flexibler Fertigungssysteme", ZwF-CIM, 81(1986), Heft: 12, Carl Hanser Verlag, München, 1986.

/25/   N.N.: "The Ottawa Report on Reference Models for Manufacturing Standards", Version 1.1, ISO TC 184/SC5/WG1 Document N51,1986.

/26/   N.N.: "Leittechniken für Flexible Fertigungssysteme" in: "Wettbewerbsfaktor Produktionstechnik", Aachener Werkzeugmaschinen Kolloquium '90,S. 349-392, VDI-Verlag, Düsseldorf, 1990.

/27/   Kupec, T.: "Wissensbasiertes Leitsystem zur Steuerung flexibler Fertigungsanlagen", Dissertation TU-München, Springer Verlag, Berlin, 1991.

/28/   Groha, A.: "Universelles Zellenrechnerkonzept für flexible Fertigungssysteme", Dissertation TU-München, Springer Verlag, Berlin, 1988

/29/   N.N.: "Grundbegriffe der Meßtechnik, Allgemeine Begriffe", DIN 1319 T.1, 1985

/30/   Dutschke, W.: "Allgemeine Meßtechnik", in "Handbuch der Qualitätssicherung" (Hrsg. Masing, W.), Carl Hanser Verlag, München, 1988.

/31/   Beitz, W., Küttner, K.-H., Hrsg.: "Taschenbuch für den Maschinen-bau",15. Aufl., Springer Verlag, Berlin, 1983.

/32/   Zeller, P.: "Automatisierte Prüfplanerstellung und Prüfzeichnungs-generierung", Dissertation RWTH-Aachen, 1990.

/33/   Milberg, J.; Koepfer, T.: "Rüstzeiten in der Einzelteil- und Kleinserienfertigung senken", Werkstatt und Betrieb 123(1990), Heft: 1, Carl Hanser Verlag, München, 1990.

/34/   N.N.: "Metrologie - Benennung von Meßtechnik", VDI/VDE 2600 Bl.: 1 bis 6, 1973.

/35/   Kunzmann, H.: "Grundlagen der Meßtechnik; Begriffe und Einheiten", in "Fertigungsmeßtechnik, ein Handbuch für Industrie und Wissenschaft" (Hrsg.: Warnecke, H.J.; Dutschke, W.), Springer, Berlin, 1984.

/36/   Hoffmann, C.: "Konzeption und Realisierung eines fertigungs-integrierten Koordinatenmeßgerätes", Dissertation TU Karlsruhe, 1992.

/37/   N.N.: "Brockhaus Lexikon", Bd. 2, Deutscher Taschenbuch Verlag, München, 1982.

/38/   N.N.: "REFA: Methodenlehre des Arbeitsstudiums", Teil 1, Carl Hanser Verlag, München, 1984.

/39/   Kiefer, E.; Müller, K.G.: "Automatisierung in der Meß- und Prüftechnik", in "Handbuch der Qualitätssicherung" (Hrsg. Masing, W.), Carl Hanser Verlag, München, 1988.

/40/   Kampa, H., Weckenmann, A.: "Koordinatenmeßgeräte", in "Fertigungsmeßtechnik, ein Handbuch für Industrie und Wissenschaft" (Hrsg.: Warnecke, H.J.; Dutschke, W.), Springer Verlag, Berlin, 1984.

/41/   Baule, R.: "Wirtschaftlichkeitsnachweis für für eine Dreikoordinaten-Meßmaschine", Maschinenmarkt, 82(1976), Heft 73, Vogel Verlag, Würzburg, 1976.

/42/   Golz, H.U.: "Automatische Tasterwechseleinrichtung für Koordinatenmeßgeräte", Qualität und Zuverlässigkeit, 35(1990), Heft 5, Carl Hanser Verlag, München, 1990.

/43/   N.N.: "Tatort Produktion - Produktionsnahes Messen und Prüfen", Fertigung, Verlag Moderne Industrie, Landsberg, 1992.

/44/   Rüling, R.F.; Kahl, H.-J.: "Prozeßgeteuertes flexibles Prüfsystem für die Maßprüfung in der Wellenfertigung", Qualität und Zuverlässigkeit, 32(1987), Heft 6, Carl Hanser Verlag, München, 1987.

/45/   Golz, H.U.; Ludwig, H.-R.: "Integration von Koordinaten-Meßgeräten in Flexible Fertigungssysteme", Werkstatt und Betrieb, 123(1990), Heft 2, Carl Hanser Verlag, München 1990.

/46/   Breyer K.-H.; Pressel, H.-G.: "Auf dem Weg zum thermisch stabilen Koordinatenmeßgerät", Qualität und Zuverlässigkeit, 37(1992), Heft 1, Carl Hanser Verlag, München, 1992.

/47/   Pax, Hardi : "Fertigen und Prüfen - flexibel und integriert", Qualität und Zuverlässigkeit, 36(1991), Heft 4, Carl Hanser Verlag, München, 1991.

/48/   Bueck, W.; Pfeifer, T.; Steger, W.; Wolter, T.: "Qualitätssicherung bei der Planung und Realisierung sowie der Störungsanalyse von Flexiblen Fertigungssystemen und CNC-Koordinatenmeßgeräten", DFG-Forschungsbericht Nr.: KfK-PFT 143, Karlsruhe, 1989.

/49/   Neumann H.J. Hrsg.: "CNC - Koordinatenmeßtechnik", Expert
        Verlag, Ehningen bei Böblingen, 1988.

/50/   Neumann, A.: "Die Meßtechnik auf dem Weg zur Flexibilität",
        Werkstatt und Betrieb, 122(1989), Heft 12, Carl Hanser Verlag,
        München, 1989.

/51/   Golüke, H.: "Ein Beitrag zur meßtechnischen Ermittlung und
        analytischen Beschreibung systematischer Anteile der
        Arbeitsunsicherheit von Fertigungseinrichtungen", Dissertation
        RWTH Aachen, 1976.

/52/   Golüke, H.: "Laserinterferometer als Meßsystem", in
        "Fertigungsmeßtechnik, ein Handbuch für Industrie und Wissenschaft"
        (Hrsg.: Warnecke, H.J.; Dutschke, W.), Springer, Berlin, 1984.

/53/   Koepfer, T.: "3D-graphisch interaktive Arbeitsplanung-einAnsatz zur
        Aufhebung der Arbeitsteilung", Dissertation TU-München, Springer-
        Verlag, Berlin, 1991.

/54/   N.N.: "Handbuch der Arbeitsvorbereitung",Teil 1: Arbeitsplanung,
        Hrsg.: AWI/REFA, Beuth Verlag, Köln, 1973.

/55/   Minolla, W: "Rationalisierung in der Arbeitsplanung - Schwerpunkt
        Organisation", Dissertation RWTH Aachen, 1975.

/56/   Eversheim, W.: "Organisation in der Produktionstechnik Bd. 3",
        Arbeitsvorbereitung, VDI Verlag, Düsseldorf, 1989.

/57/   Anderl, R.: "Fertigungsplanung durch Simulation von
        Arbeitsvorgängen auf der Basis von 3D-Produktmodellen", VDI-
        Fortschrittsberichte Reihe 10, VDI-Verlag, Düsseldorf, 1987.

/58/   Schwamborn, W.: "Rechnergestützte Arbeitsplanung- Entwicklung
        eines Systems für die Einzelteil- und Serienfertigung", VDI-Z,
        129(1987), Heft 1, VDI-Verlag Düsseldorf, 1987

/59/   Schultz, H.; Bölzing, D.: "Fabriken rechnergestützt automatisiert",
        Werkstatt und Betrieb, 122(1989), Heft 7,Carl Hanser Verlag,
        München, 1989.

/60/   Porter, M.: "Wettbewerbsvorteile", Campus Verlag, Frankfurt, 1986.

/61/   N.N.: "DIN 55350 Begriffe der Qualitätssicherung und Statistik",
        Beuth Verlag, Köln, 1982.

/62/   N.N.: "DGQ 11-04", 1987, S.20

/63/   Melchior, K.; Kring, J.: "Prüfplanung", in "Handbuch der
       Qualitätssicherung" (Hrsg.: Masing, W.), Carl Hanser Verlag,
       München, 1988.

/64/   Breyer, E.: "Ein Systemkonzept zur Qualitätsprüfung im
       Maschinenbau", VDI-Verlag, Düsseldorf, 1983.

/65/   Mecklenburg-Weiss, R.: "Systemkonzept zur anwenderneutralen
       Prüfplanerstellung auf Kleinrechnern", Dissertation RWTH Aachen,
       1987.

/66/   Reles, T.: "Rechnergestützte Auswahl von Prüfmerkmalen im Rahmen
       der Prüfplanung für die mechanische Fertigung", Dissertation RWTH
       Aachen, 1985.

/67/   N.N.: "Münchener Kommentar zum Bürgerlichen Gesetzbuch",
       2. Aufl., Bd. 2 und 3., Schuldrecht, München, 1986.

/68/   Eversheim, W.: "Aufgaben und Bedeutung der Prüfplanung", in
       "Prüfplanung-Grundlage für wirkungsvolle Qualitätsprüfung", VDI-
       Kongress, 16/17.10.1991 in Aachen, VDI-Verlag, Düsseldorf, 1991.

/69/   Bulgrin, H; Müller, K.G.: "Prüfplanung" Handbuch der
       Qualitätssicherung" (Hrsg. Masing, W.), 1. Auflage, Carl Hanser
       Verlag, München, 1980.

/70/   Dutschke, W.; Goubeaud, F.; Löffelhardt, U.: "Prüfgrößen (Maße und
       Toleranzen) der Fertigungstechnik", in "Fertigungsmeßtechnik, ein
       Handbuch für Industrie und Wissenschaft" (Hrsg.: Warnecke, H.J.;
       Dutschke, W.), Springer Verlag, Berlin, 1984.

/71/   Reles, T.: "Systematische Auswahl von Prüfmerkmalen", ZwF CIM,
       82(1987), Heft 8, Carl Hanser Verlag, München, 1987.

/72/   Neumann, A.: "Automatische Prüfplangenerierung", Darmstädter
       Forschungsberichte für Konstruktion und Fertigung, Carl Hanser
       Verlag, München, 1992.

/73/   Dutschke, W.: "Prüfplanung in der Fertigung", in "Produktionstechnik
       heute", Krauskopfverlag, Mainz, 1975.

/74/   Bläsing, J.-P.; Göppel, R.: "Prüfplanung in der Verknüpfung von CAD und CAQ", CIM Management, Heft 2/90, Oldenbourg Verlag, München, 1990.

/75/   Pfeifer, T.: "Kommerzielle CAQ-Systeme - Eine Übersicht", Qualität und Zuverlässigkeit, 32(1987), Heft 2, Carl Hanser Verlag, München, 1987.

/76/   Vogt, H.P.: "Marktübersicht CAQ-Systeme - Eine Übersicht", Qualität und Zuverlässigkeit, 33(1988), Heft 4, Carl Hanser Verlag, München, 1988.

/77/   Spur, G; Krause, F.L.: "CAD-Technik", Carl Hanser Verlag, München, 1984.

/78/   Peiker, S.: "Entwicklung eines integrierten NC-Planungssystems", Dissertation TU-München, Springer Verlag, Berlin, 1989.

/79/   Schrüfer, N.: "Rüstzeitreduzierung durch 3D-NC-Simulation", Dissertation TU-München, Springer Verlag, Berlin, 1990.

/80/   Grabowski, H.; Glatz, R.: "Schnittstellen zum Austausch produktdefinierender Daten", VDI-Z, 128(1986), Heft 10, VDI-Verlag, Düsseldorf, 1986.

/81/   Schuster, R.; Trippner, D.; Glatz, R.: "Was geschieht bei der CAD/CAM Schnittstellennormung", CAD/CAM, Heft 1, Carl Hanser Verlag, München, 1985.

/82/   Eitzert, H.; Weckenmann, A.: "Antaststrategien beim Prüfen von Standardformelementen", Qualität und Zuverlässigkeit, 38(1993), Heft 1, Carl Hanser Verlag, München, 1993.

/83/   Wilhelm, M. C.: "Rechnergestützte Prüfplanung im Informationsverbund moderner Produtionssysteme", Dissertation Universität Karlsruhe, 1989.

/84/   N.N.: "Weg von der Maschine", Industrie Anzeiger, 114(1992), Heft 40, Verlag Robert Kohlhammer, Leinfelden Echterdingen, 1992.

/85/   Meyer, B.; Wierries, D.: "Effizienzsteigerung durch anwendungs-spezifische CAD/CAM Systeme", CAD-CAM-CIM (Hrsg.: Spur, G.), Sonderteil der Qualität und Zuverlässigkeit, März 1990, Carl Hanser Verlag, München, 1990.

/86/   Auge, J.: "Automatisierung der Off-line-Programmierung von
        Koordinatenmeßgeräten", Dissertation RWTH Aachen, 1988.

/87/   Benz, D.: "3D-Koordinaten-Meßmaschinen", wt Wertstatttechnik,
        80(1990), Heft 5, Springer Verlag, Berlin, 1990.

/88/   Bode, C.; Friedrich, O.; Gerlach, D.: "Beurteilung von CAD-gestützen
        Programmiersystemen für Koordinatenmeßgeräte" Qualität und
        Zuverlässigkeit, 36(1991), Heft 6, Carl Hanser Verlag, München,
        1991.

/89/   Hartmann, F.; Hoppe, U.; Schmidt, W.; Steger, W.: "DMIS-
        Dimensinal Measuring Interface Specification", wt Werkstattstechnik,
        80(1990), Heft 5, Springer Verlag, Berlin, 1990.

/90/   Schilling, H.; Schwade, J.: "Vom CAD-System zum CNC-Meßgerät
        und zurück", Qualität und Zuverlässigkeit, 37(1992), Heft 6, Carl
        Hanser Verlag, München, 1992.

/91/   N.N.: "Dimensional Measuring Interface Specification", Version 2.1,
        CAM-I Computer Aided Manufacturing-Internatinal, Arlington, Texas
        USA, 1989.

/92/   Westkämper, E., Hrsg.: "Integrationspfad Qualität", aus der Reihe
        CIM-Fachmann, Ges.hrsg. I. Bey, Berlin, Springer Verlag, 1991.

/93/   Moll, W.-P.: "Maschinenbelegung mit EDV", Vogel Verlag,
        Würzburg, 1988.

/94/   Kunerth, W.; Werner, G.: "EDV-gerechnet Verschlüsselung -
        Grundlagen und Anwendungen moderner Nummerungssysteme",
        Forkel-Verlag, Stuttgart-Wiesbaden, 1974.

/95/   Opitz,H.: "Klassifizierungssystem" in Bericht über die 2.Tagung
        "Werkstücksystematik und Teilefamilienfertigung" 28.10.1965 in
        Essen, Verlag W. Girardet, Essen, 1965.

/96/   Opitz H.: "Moderne Produktionstechnik - Stand und Tendenzen";
        Verlag W. Girardet, Essen, 1970.

/97/   Glas, J.: "Standardisierter Aufbau anwendungsspezifischer Zellen-
        rechnersoftware", Dissertation TU-München, Springer Verlag, Berlin,
        1993.

/98/   Eversheim, W.; Bette, B.; Stolz, N.: "Einsatz von Handhabungs-
         systemen in komplexen Mehrmaschinensystemen", VDI-Z 127(1985),
         Heft 14, VDI-Verlag, Düsseldorf, 1985.

/99/   Klippel, C.: "Mobiler Roboter im Materialfluß eines Flexiblen
         Fertigungssystems", Dissertation TU-München, Springer Verlag,
         1988.

/100/   N.N.: Deutsche Patentschrift 3729644; Anmelder Carl Zeiss,
         Heidenheim, Anmeldung: 04.09.1987.

/101/   Kahlenberg, R.: "Qualitätsregelung im CIM-Bereich", in "Die Neue
         Fabrik", Sonderpublikation, Verlag Moderene Industrie, Landsberg,
         1991.

/102/   Pfeifer, T.; Westkämper, E.; Weule, H. et.al.: "Die Realisierung von
         Qualitätsregelkreisen- zentrales Moment der integrierten Qualitäts-
         sicherung", in (Hrsg.: Weck, M.) ,"Aachener Werkzeugmaschinen
         Kolloquium 1990", VDI-Verlag, Düsseldorf, 1990.

/103/   Wünsche, T.: "Integrierte Qualitätstechnik in der flexibel automati-
         sierten Produkterstellung", Dissertation TU-München, 1993.

iwb Forschungsberichte

Berichte aus dem Institut für Werkzeugmaschinen und Betriebswissenschaften
der Technischen Universität München

Herausgeber: Prof. Dr.-Ing. J. Milberg

12 Reinhart, G.
Flexible Automatisierung der Konstruktion
und Fertigung elektrischer Leitungssätze
1988, 112 Abb. 197 Seiten, ISBN 3-540-19003-1   73,- DM

13 Bürstner, H.
Investitionsentscheidung in der rechnerintegrierten Produktion
1988, 77Abb. 190 Seiten, ISBN 3-540-19099-6   73,- DM

14 Groha, A.
Universelles Zellenrechnerkonzept für flexible Fertigungssysteme
1988, 74 Abb. 153 Seiten, ISBN 3-540-19182-8   73,- DM

15 Riese, K.
Klipsmontage mit Industrierobotern
1988, 92 Abb. 150 Seiten, ISBN 3-540-19183-6   73,- DM

16 Lutz, P.
Leitsysteme für rechnerintegrierte Auftragsabwicklung
1988, 44 Abb. 144 Seiten, ISBN 3-540-19260-3   73,- DM

17 Klippel, C.
Mobiler Roboter im Materialfluß eines flexiblen Fertigungssystems
1988, 86 Abb. 164 Seiten, ISBN 3-540-50468-0   73,- DM

18 Rascher, R.
Experimentelle Untersuchungen zur Technologie der Kugelherstellung
1989, 110 Abb. 200 Seiten, ISBN 3-540-51301-9   73,- DM

19 Heusler, H.-J.
Rechnerunterstützte Planung flexibler Montagesysteme
1989, 43 Abb. 154 Seiten, ISBN 3-540-51723-5   73,- DM

20 Kirchknopf, P.
Ermittlung modaler Parameter aus Übertragungsfrequenzgängen
1989, 57 Abb. 157 Seiten, ISBN 3-540-51724   73,- DM

21 Sauerer, Ch.
Beitrag für ein Zerspanprozeßmodell Metallbandsägen
1990, 89 Abb. 166 Seiten, ISBN 3-540-51868-1   78,- DM

22 Karstedt, K.
Positionsbestimmung von Objekten in der Montage-
und Fertigungsautomatisierung
1990, 92 Abb. 157 Seiten, ISBN 3-540-51879-7   78,- DM

23 Peiker, St.
Entwicklung eines integrierten NC-Planungssystems
1990, 66 Abb. 180 Seiten, ISBN 3-540-51880-0   78,- DM

24 Schugmann, R.
Nachgiebige Werkzeugaufhängungen für die automatische Montage
1990. 71 Abb. 155 Seiren, ISBN 3-540-52138-0   78,- DM

25 **Wrba, P**
Simulation als Werkzeug in der Handhabungstechnik
1990, 125 Abb., 178 Seiten, ISBN 3-540-52231-X   78,- DM

26 **Eibelshäuser, P.**
Rechnerunterstützte experimentelle Modalanalyse
mitells gestufter Sinusanregung
1990, 79 Abb., 156 Seiten, ISBN 3-540-52451-7   78,- DM

27 **Prasch, J.**
Computerunterstützte Planung von chirurgischen Eingriffen
in der Orthopädie
1990, 113 Abb., 164 Seiten, ISBN 3-540-52543-2   78,- DM

28 **Teich, K.**
Prozeßkommunikation und Rechnerverbund in der Produktion
1990, 52 Abb., 158 Seiten, ISBN 3-540-52764-8   78,- DM

29 **Pfrang, W.**
Rechnergestützte und graphische Planung manueller
und teilautomatisierter Arbeitsplätze
1990, 59 Abb., 153 Seiten, ISBN 3-540-52829-6   78,- DM

30 **Tauber, A.**
Modellbildung kinematischer Stukturen
als Komponente der Montageplanung
1990, 93 Abb., 190 Seiten, ISBN 3-540-52911-X   78,- DM

31 **Jäger, A.**
Systematische Planung komplexer Produktionssysteme
1991, 75 Abb., 148 Seiten, ISBN 3-540-53021-5   78,- DM

32 **Hartberger, H.**
Wissensbasierte Simulation komplexer Produktionssysteme
1991, 58 Abb., 154 Seiten, ISBN 3-540-53326-5   78,- DM

33 **Tuczek H.**
Inspektion von Karosseriepreßteilen auf Risse und Einschnürungen
mittels Methoden der Bildverarbeitung
1992, 125 Abb., 179 Seiten, ISBN 3-540-53965-4   88,- DM

34 **Fischbacher, J.**
Planungsstrategien zur strömungstechnischen Optimierung
von Reinraum-Fertigungsgeräten
1991, 60 Abb., 166 Seiten, ISBN 3-540-54027-X   78,- DM

35 **Moser, O.**
3D-Echtzeitkollisionsschutz für Drehmaschinen
1991, 66 Abb., 177 Seiten, ISBN 3-540-54076-8   78,- DM

36 **Naber, H.**
Aufbau und Einsatz eines mobilen Roboters mit
unabhängiger Lokomotions- und Manipulationskomponente
1991, 85 Abb., 139 Seiten, ISBN 3-540-54216-7   78,- DM

37 **Kupec, Th.**
Wissensbasiertes Leitsystem zur Steuerung flexibler Fertigungsanlagen
1991, 68 Abb., 150 Seiten, ISBN 3-540-54260-4   78,- DM

38 Maulhardt, U.
Dynamisches Verhalten von Kreissägen
1991, 109 Abb., 159 Seiten, ISBN 3-540-54365-1   78,– DM

39 Götz, R.
Stukturierte Planung flexibel automatisierter Montagesysteme
für flächige Bauteile
1991, 86 Abb., 201 Seiten, ISBN 3-540-54401-1   78,– DM

40 Koepfer, Th.
3D- grafisch-interaktive Arbeitsplanung – ein Ansatz
zur Aufhebung der Arbeitsteilung
1991, 74 Abb., 126 Seiten, ISBN 3-540-54436-4   78,– DM

41 Schmidt, M.
Konzeption und Einsatzplanung flexibel automatisierter
Montagesysteme
1992, 108 Abb., 168 Seiten, ISBN 3-540-55025-9   88,– DM

42 Burger, C.
Produktionsregelung mit entscheidungsunterstützenden
Informationssystemen
1992, 94 Abb., 186 Seiten, ISBN 5-540- 55187-5   88,– DM

43 Hoßmann, J.
Methodik zur Planung der automatischen Montage von nicht
formstabilen Bauteilen
1992, 73 Abb., 168 Seiten, ISBN 3-540-5520-0   88,– DM

44 Petry, M.
Systematik zur Entwicklung eines modularen Programm-
baukastens für robotergeführte Klebeprozesse
1992, 106 Abb., 139 Seiten ISBN 3-540-55374-6   88,– DM

45 Schönecker, W.
Integrierte Diagnose in Produktionszellen
1992, 87 Abb., 159 Seiten, ISBN 3-540-55375-4   88,– DM

46 Bick, W.
Systematische Planung hybrider Montagesyste unter
Berücksichtigung der Ermittlung des optimalen Automatisierungsgrades
1992, 70 Abb., 156 Seiten ISBN 3-540-55377-0   88,– DM

47 Gebauer, L.
Prozeßuntersuchungen zur automatisierten Montage
von optischen Linsen
1992, 84 Abb., 150 Seiten, ISBN 3-540- 55378-9   88,– DM

48 Schrüfer, N.
Erstellung eines 3D-Simulationssystems zur Reduzierung
von Rüstzeiten bei der NC-Bearbeitung
1992, 103 Abb., 161 Seiten, ISBN 3-540-55431-9   88,– DM

49 Wisbacher, J.
Methoden zur rationellen Automatisierung der Montage
von Schnellbefestigungselementen
1992, 77 Abb., 176 Seiten, ISBN 3-540-55512-9   88,– DM

50 Garnich. F.
Laserbearbeitung mit Robotern
1992, 110 Abb., 184 Seiten, ISBN 3-540- 55513-7   88,– DM

51 **Eubert, P.**
Digitale Zustandsregelung elektrischer Vorschubantriebe
1992, 89 Abb., 159 Seiten, ISBN 3-540-44441-2   88,– DM

52 **Glaas, W.**
Rechnerintegrierte Kabelsatzfertigung
1992, 67 Abb., 140 Seiten, ISBN 3-540-55749-0   88,– DM

53 **Helml, H.J.**
Ein Verfahren zur on-line Fehlererkennung und Diagnose
1992, 60 Abb., 153 Seiten, ISBN 3-540-55750-4   88,– DM

54 **Lang, Ch.**
Wissensbasierte Unterstützung der Verfügbarkeitsplanung
1992, 75 Abb., 150 Seiten, ISBN 3-540-55751-2   88,– DM

55 **Schuster, G.**
Rechnergestütztes Planungssystem für die flexibel
automatisierte Montage
1992, 67 Abb., 135 Seiten, ISBN 3-540-55830-6   88,– DM

56 **Bomm, H.**
Ein Ziel- und Kennzahlensystem zum Investitionscontrolling
komplexer Produktionssysteme
1992, 87 Abb., 195 Seiten, ISBN 3-540-55964-7   88,– DM

57 **Wendt, A.**
Qualitätssicherung in flexibel automatisierten Montagesystemen
1992, 74 Abb., 179 Seiten, ISBN 3-540-56044-0   88,– DM

58 **Hansmaier, H.**
Rechnergestütztes Verfahren zur Geräuschminderung
1993, 67 Abb., 156 Seiten, ISBN 3-540-56043-2   88,– DM

59 **Dilling, U.**
Planung von Fertigungssystemen unterstützt
durch Wirtschaftlichkeitssimulation
1993, 72 Abb., 146 Seiten, ISBN 3-540-56307-5   88,– DM

60 **Strohmayr, R.**
Rechnergestützte Auswahl und Konfiguration
von Zubringeeinrichtungen
1993, 80 Abb., 152 Seiten, ISBN 3-540-56652-X   88,– DM

61 **Glas, J.**
Standardisierter Aufbau anwendungsspezifischer
Zellenrechnersoftware
1993, 80 Abb., 145 Seiten, ISBN 3-540-56890-5   88,– DM

62 **Stetter, R.**
Rechnergestützte Simulationswerkzeuge zur
Effizienzsteigerung des Industrierobotereinsatzes
1994, 91 Abb., 146 Seiten, ISBN 3-540-568891   88,– DM

63 **Dirndorfer, A.**
Robotersysteme zur förderbandsynchronen Montage
1993, 76 Abb, 144 Seiten, ISBN 3-540-57031-4   88,– DM

64 **Wiedemann, M.**
Simulation des Schwingungsverhaltens spanender Werkzeugmaschinen
1993, 81 Abb., 137 Seiten, ISBN 3-540-57177-9   88,– DM

65 **Woenckhaus, Ch.**
Rechnergestütztes System zur automatisierten 3D-Layoutoptimierung
1994, 81 Abb., 140 Seiten,ISBN 3540-57284-8   88,- DM

66 **Kummetsteiner, G.**
3D-Bewegungssimulation als integratives Hilfsmittel zur Planung
manueller Montagesysteme
1994, 62 Abb.; 146 Seiten, ISBN 3-540-57535-9   88,- DM

67 **Kugelmann, F.**
Einsatz nachgiebiger Elemente zur wirtschaftlichen Automatisierung
von Produktionssystemen
1993, 76 Abb., 144 Seiten, ISBN 3-540-57549-9   88,- DM

68 **Schwarz, H.**
Simulationsgestützte CAD/CAM-Kopplung für die 3D-Laserbearbeitung
mit integrierter Sensorik
1994, 96 Abb., 148 Seiten, ISBN 3-540-57577-4   88,- DM

Die Bände sind im Erscheinungsjahr und in den Folgenden drei Kalenderjahren
zu beziehen durch den örtlichen Buchhandel
oder durch Lange & Springer, Otte-Suhr-Allee 26-28, 10585 Berlin